让幸福来敲门

[新西兰] 理查德·韦伯斯特 著
苏娜 译

中国友谊出版公司

图书在版编目（CIP）数据

让幸福来敲门 /（新西兰）理查德·韦伯斯特著；苏娜译. -- 北京：中国友谊出版公司，2019.2

书名原文：365 Ways to Attract Good Luck

ISBN 978-7-5057-4085-3

Ⅰ. ①让… Ⅱ. ①理… ②苏… Ⅲ. ①幸福-通俗读物 Ⅳ. ①B82-49

中国版本图书馆CIP数据核字(2017)第153373号

著作权合同登记号 图字：01-2018-2678

Translated from 365 Ways to Attract Good Luck: Simple Steps to Take Control of Chance and Improve Your Future
Copyright ©2014 by Richard Webster
Published by Llewellyn Worldwide, Woodbury, MN 55125, USA
www.llewellyn.com
All rights reserved.
Simplified Chinese rights arranged through CA-LINK International LLC

书名	让幸福来敲门
作者	[新西兰] 理查德·韦伯斯特
译者	苏娜
出版	中国友谊出版公司
发行	中国友谊出版公司
经销	新华书店
印刷	北京通州皇家印刷厂
规格	787×1092毫米　32开
	8印张　135千字
版次	2019年2月第1版
印次	2019年2月第1次印刷
书号	ISBN 978-7-5057-4085-3
定价	48.00元
地址	北京市朝阳区西坝河南里17号楼
邮编	100028
电话	(010) 64678009
	版权所有，翻版必究
	如发现印装质量问题，可联系调换
电话	(010) 59799930-601

目录

前言 / 01

第一部分 积极行动

第 1 章　神奇的生物学 / 003

第 2 章　如何掌控运气 / 009

第二部分 幸运工具

第 3 章　吉利话 / 061

第 4 章　幸运水晶和宝石 / 068

第 5 章　幸运符 / 082

第三部分 幸运分类

第 6 章　爱情和家庭 / 117

第 7 章　家里的运气 / 132

第 8 章　天、月、季节和年 / 145

第四部分 从文化和历史看运气

第 9 章　幸运动物 / 159

第 10 章　饮食 / 171

第 11 章　远东地区的好运 / 178

第 12 章　民间传说与好运 / 200

第 13 章　总结 / 238

译后记 / 241

前 言

你幸福吗？你有好运气吗？好运可以创造吗？

运气是指能给个人生活带来好运或坏运的各种偶然因素之和。如果可以这么定义运气的话，那么运气就是不可测的。英国小说家 E.M. 福斯特（1879—1970）曾说过："世上好运很多，但好运也是一种运气。

几百年来，很多人都试图解释到底什么是运气。有人则声称根本就没有运气这一说法，好运或坏运纯属偶然。马克斯·贡特尔写道："运气是对人类理智赤裸裸的侮辱。人不能计划运气，培养运气，也没有人能传授运气，能做的只有祈祷运气而已。"

我不敢苟同上述说法，因为我们可以影响运气，就算是你感觉到你的生活受到随机因素的摆布。虽然运气不会直接支配我们的生活，但却影响我们的所作所为。所以，古往今来人们一直用仪式、幸运符、正向思维等方法提升自己的运气，创造幸福生活。

运气是决定我们的生活是好还是坏的神奇力量。温斯顿·丘吉尔（1874—1965）被称为"幸运的魔鬼"，因为大多数情况下事情都是朝着有利于丘吉尔的方向发展。近年来，科学家开始研究有没有可以提升人们运气的方法。科隆大学的林桑·达米斯奇对迈克尔·乔丹等职业运动员的有些做法很感兴趣，他设计测试来验证这些做法能否给他们带来更大的运气。在一次实验活动中，她要求志愿者在进行测试时随身携带一个幸运符。后来幸运符被拿去拍照，一半的志愿者在测试前拿回了幸运符。带着幸运符的志愿者的测试成绩更好，因为他们更自信。达米斯奇教授发现，甚至好运祝福也能提高其测试成绩，因为这能增加一个人的自信。

　　幸运符法能提升运气，是因为它能增加一个人的自信，以及对紧张情境的控制感。特拉维夫大学的乔拉·科伊南发现，人们在被问及类似"你发生过严重车祸吗？"这样容易引发紧张的问题时，敲木头的频率更高。

　　命运的随机性，使好运和坏运都可能产生。彩票中奖即是一例。赢一大笔钱是几百万分之一的概率，这就是运气了。当然，这未必就是好运，统计数据显示，三分之二的彩票中奖者在不到五年的时间内就把赢的钱花光或输光了。

　　人们通常倾向于将他人取得的巨大成功归于运气，而忽视了成功背后的天分、付出、坚持以及其他因素，这些因素可能都比单纯的运气更重要。一夜成名通常是十年寒窗的结果，只是一夜成名看起来更像是好运带来的。

当然，尽管影响运气的方法很多，但有些事是无法改变的。比如说，你就无法改变你的祖先和出生地。在某些国家，如果生的是男孩，父母会觉得更幸运，因为男孩长大后能帮忙养家，而女孩长大后就要嫁人。只考虑这个因素的话，生在父母疼爱家庭的人要比生在父母彼此憎恨家庭的人幸运；生在富贵之家要比生在贫困之家幸运。

但是，相反的情形也有可能存在。生在富贵之家的孩子，父母给买昂贵的玩具却吝啬他们的爱，反而不如生在虽贫穷但父疼母爱家庭的孩子幸福。

有好运就会有坏运。地震、海啸和龙卷风等所谓的天灾会产生巨大的破坏，瞬间摧毁人们的生活。我的一个朋友刚退休没多久就被诊断得了癌症，几个月后辞世。他一直都希望能开启当一名艺术家的事业新旅程。这很明显是坏运的一个例证。

很多年前，我遇到一个人，他告诉我他从来就没有幸运过。他觉得生活和他作对，就算有所行动也是枉然，因为命运跟他过不去。这些年来我经常想到他，因为我觉得是他自己的想法为他带来了坏运气。我一直很感激他。如果没有遇到过这个人,我可能不会对运气这个话题感兴趣,也就不会写作这本书,也可以说遇到他是我的幸运。

毫不奇怪,关于运气的谚语有很多,下面仅举数例。

> 见到一根针把它捡起来,好运一整天。
> 少提坏运气,勿吹好运气。
> 好运多多益善。
> 好运偏爱勇者。
> 好运靠尝试。
> 懒汉盼好运。
> 天生好运赛过富贵。
> 好运别用过度。
> 客人会带来好运。
> 不要只相信好运。
> 好运不是馈赠,只是出借而已。
> 早起的人交好运。
> 踩了狗屎运。
> 胆小鬼无好运。
> 勤奋乃好运之母。

好运偶尔光顾一下傻瓜，但从不久留。

不是用聪明才智赢得好运，而是有拥有聪明才智的好运气。

赌场得意，情场失意。

最后一条很有意思，这是说你在生活的某一方面幸运，在其他方面通常就不走运了。

不管你现在对运气的看法是什么，我都建议抛开它，去尝试新做法。尝试书中建议的做法，并观察你即将收获的好运。我不赞同运气完全是随机不可测的观点，我认为可以通过生活方式来创造我们自己的好运，这也是我写此书的首要目的，同时告诉读者如何提升自己的运气。你无法控制发生在自己身上的事情，但可以控制自己的反应。如果你想变得像"幸运的魔鬼"丘吉尔那样幸运，这完全取决于你。本书可以帮你创造自己的好运，让幸福来敲门。只要行动起来，一切都不晚。

本书分为四部分。第一部分探讨通过改变人生态度提升人生运气的方法。大部分的方法都是让你做出简单的调整，从而帮你找到新机遇，这就是你的运气。第二部分探讨提升运气的传统做法，比如幸运符和宝石。不论你如何看待这些传统做法，尝试一两种将会给你带来乐趣。第三部分探讨如何提升在爱情、婚姻和家庭这些重要领域的运气。因为运气总是讲究时机，所以此部分也探讨关于季节、天、月和年方面的运气。第四部分讲的是关于运气方面的一些传统，这包括幸运动物、食物和饮料，以及民俗。本书也会讲到亚洲人眼中的运气，因为亚洲人几千年来想方设法地求好运。

阅读本书的方法很多。你可以从头读到尾；当然也可以先读你最感兴趣的部分，再读其他部分；或者随机选取一条，看看你会有什么收获；或者把它当成参考书，没事的时候翻翻。本书有 365 个条目，每天读一条，全年不重复。不论你怎么阅读本书，我希望你在读完之前，就能找到一些开运的方法，让幸福来敲门！

第一部分

积极行动

我刚入职场后没多久就发现，公司里最成功的人和其他人不一样。他们善于自我激励，目标明确，积极进取，充满热情，并且勤奋努力。他们和大家相处融洽，坦率，友好，善于激励别人。和这些人一比，其他人看上去则半死不活的。他们为了保住职位也会认真工作，但不会全力以赴；他们有时也会热情洋溢，积极进取，但这样的劲头不会持续很久。

有一次，在公司宴会上，我鼓起勇气问一位销售经理威尔信先生，他是怎么做到一直热情高涨的。他很开心地告诉我："每天早上我看着浴室的镜子，对自己说：'我热情有活力！'"他用手形象地比画着，"我连做三次，每一次都比上次更大声，更热情。这样就能一整天都精力充沛，我也因此变得很幸运。"

这些年来我经常想起威尔信先生，也一直兴致勃勃地跟踪着他的职业发展情况。他在几个国家工作过，职位越来越高，最后成为一家大型跨国公司的总裁。我也拿自己做过实验，发现他的自我激励方法很有效。我也很想知道他还有意或无意地用过其他什么方法。威尔信先生采取行动，并收获了幸运。这部分介绍了59种创造好运的方法。这些方法在我身上管用，我相信在你们身上也管用。

第 1 章　神奇的生物学

苏格兰哲学家悉尼·班克斯（1931—2009）曾说过，伤心或开心往往只是一念之间。我们都有能力控制自己的情绪，但是很少有人有意识地将其往开心的方向引导。或许可以这样理解班克斯的话，感觉幸运或不幸也可能只是一念之间。觉着自己幸运的人在生活中比总是觉得自己不幸运的人更幸运。这是因为我们一心所念什么，就会得到什么。科学家发现我们的大脑一生都处在发展变化之中。通过改变我们的想法，我们几乎能实现自己全部的愿望。

不久前，我和我 11 岁的孙子一起观看足球比赛。他热爱足球，我知道他希望长大后成为一名足球运动员。我一直认为出色的运动员是因为其天赋过人，我们一般人根本模仿不来他们独特的技能，不久前我才改变这个看法。因为，如果我在学校时就踢足球，热爱足球，抓住一切可以提高球技的机会坚持练习，致力于成为职业足球运动员，没人敢说结果会怎样。很多人把自己的失败归咎于基因，就是这样的想法让我们一直在看台看球,而不是去球场踢球。

当然还有其他的影响因素。愿望和动机对一个想成功的人来说至关重要。我认识一个极有天赋的游泳运动员,多年坚持每天早起训练,放学后当他的同学都在玩时,他会接着去游泳池训练。当他突然放弃游泳时,我感到很诧异。

"我意识到代价太高,"他对我说,"我想成为一名游泳冠军,但是愿望不是那么强烈。"原来他是在追逐他父亲的梦想。如果是在追逐自己的梦想,我相信他不会放弃,因为这样他会有足够强的动机。当然啦,如果他没有放弃,并且成功了,大家就会说他非常幸运,而不会想到他为训练为成功所投入的时间。

如果你付出了,在你选择的运动项目上你会很幸运。你一直练习,训练,你的身体会发生变化,参与那项运动所需的肌肉会锻炼得更加强健。

不仅身体会变化,大脑也会发生变化来反映我们所关注的事情。你的智商无法限制你。你可以随时测量你的情商,但却无法测量你的潜力,因为潜力是无限的。神经的可塑性已证明,在人的一生中大脑一直在发展变化。你上学时的成绩单和现在的你已没有关系了。如果你认为你不能做什么事情,是因为你不够聪明,这么说也对——因为你一直在抑制你真正的潜能。你可以将失败归咎于天赋不佳，或教育不够。但事实是你足够聪明，可以做任何你想做的事情，前提是你非常想做这件事。如果设定了有意义的目标，自我激励，努力付出，你会成功的。有意思的是，人们往往忽视或忘记你为实现目标所付出的汗水，只会简单地认为你很幸运。我记得20世纪60年代在电视上看到的英格伯特·洪普丁克，那时他刚声名鹊起，不喜欢被贴上"一夜成名"的标签，因为在出名前他付出了多年的辛勤耕耘。

斯坦福教育心理学院的心理学家刘易斯·特曼教授（1877—1956）开发了智商测试，并将其标准化。20世纪20年代，他开始了一项长达35年的跟踪高智商儿童的研究。他认为基因优异的儿童以后会非常成功。他的1500名研究对象在成年后都既富有又成功。但是，这些人中没有一人获得诺贝尔奖，也没有人成为世界顶级的音乐家。饶有意味的是，有两名最初被特曼教授筛选下来的人获得了诺贝尔奖，还有艾萨克·斯特恩和耶胡迪·梅纽因两人，当初也没能入选特曼教授的研究小组，长大后却成为国际知名的小提琴演奏家。

日本科学家定藤规弘于1993年发现，当盲人阅读盲文时，他们大脑的视觉皮层在PET扫描下会发亮。这说明失明已改变了大脑的视觉皮层。实际上,这个变化非常重要,因为它使得盲人能够阅读盲文。这是大脑具有可塑性的一个例子。

1999年,英国的神经学家埃莉诺·马圭尔博士对伦敦的出租车司机进行了核磁共振扫描,发现他们的后海马体比不开出租车的要大,大脑的后海马体和导航相关。要成为伦敦的出租车司机,你要记住伦敦市中心的两万五千条街道,还要知道每条街道上的景点。这些信息就是知识。一般人要花两到四年的时间,经过12次考试才能取得出租车驾照。这就是记忆能力。定藤规弘发现每位出租车司机的后海马体的大小和他们的驾龄相关。这个发现说明大脑在随着信息的摄入而发展变化。

即使仅仅想象你在做什么也会影响大脑的运动皮质。哈佛医学院神经学教授阿尔瓦罗·帕斯奎尔－利昂博士,让一组志愿者想象他们在钢琴上练习一首简单的曲子,每天这样做,连续做五天。有意思的是,他们大脑中控制手指运动的运动皮质变大了,这和在钢琴上练习这个曲子的人的大脑发生的变化一模一样。这个实验说明想法也可以改变大脑的实际结构。

所以你怎么看待运气也会反映在你的大脑结构上。如果对什么都不满意,你可以改变你的思维方式,这样可以有效地重塑大脑。如果认为自己不够幸运,你可以彻底改变这种想法,开启幸运儿的思维模式。正向思维很有用,虽然这也需要假以时日,但是用积极思维取代消极思维,最终会改变大脑的结构。

你可以做个有趣的练习,这个练习凸显了正向思维的力量。晚上睡觉前,安静地坐在一张舒适的椅子上,闭上眼睛,放松。缓慢地深呼吸十次,想一想刚刚过去的一天,想一想你今天接触的人,你是如何和他们打交道的,想一想你今天遇到的挫折以及你的收获。回顾完一天所发生的主要事情后,再缓慢地深呼吸三次,睁开眼睛。花几分钟想想你刚才的冥想。当你回想这一天时,你体内有什么感受吗?你觉得紧张吗,愤怒吗?

站起来,伸展一下腰,在房间内走一两分钟。坐下来,闭上眼睛,放松,缓慢地深呼吸十次,再次回想这一天。但是这一次你要对所发生的一切持积极的态度。比如,如果想到在上班的路上有人挡了你的路,你可能会变得很激动。这一次就简单地希望这个人一切顺利,告诉自己不会让这个人影响你的思维模式。允许自己生气,但是当你回想这一切时,让消极的想法统统都飘走,让自己变得平静放松,而不再感觉愤怒或是沮丧。继续回想这一天发生的事情,只是想法要变得积极。把这一天回放完后,缓慢地深呼吸三次,睁开眼睛。

然后再花几分钟的时间回想一下你刚才的想法。当你用积极的态度回想这一天时,你还会有紧张或沮丧的情绪吗?

再次感受所经历的一切,让它按照自己期望的方式呈现,你就可以释放所有的负面情绪。通过释放所有的负面情绪,采取更积极的生活态度,你会发现生活的方方面面都会发生变化。

我们是幸运的,因为我们有能力给我们的大脑重新编程,成为我们想要成为的那个人。有些人的天赋得到早期开发,比如莫扎特(1756—1791)就是个少年天才的例子。我们听到的少年天才的例子要比大器晚成的多。

美国著名的民间艺术家安娜·玛丽·罗伯森(1860—1961)被称为摩西奶奶,她在70高龄时才开始绘画,90多岁时依然笔耕不辍。匈牙利籍美国摄影家安德烈·科特茨(1894—1985)年届八旬时才出名。哈兰·桑德斯上校(1890—1980)直到65岁才开始肯德基连锁经营。神童罕见,但是大器晚成者不鲜。

在下一章中,我们探讨可以用来掌控运气的各种方法。

第 2 章　如何掌控运气

本章介绍了 59 种提升运气的方法。阅读顺序请君自便。你可以在阅读完本章后决定开始尝试哪种方法。当然，也可以从你感兴趣的方法入手。如果一次尝试一两种方法而不是很多方法，这样你的进步会更快。一直集中在一两种方法上，直到注意到自己取得了进步，然后再尝试另一种方法，这样你的练习会覆盖所有你需要帮助的地方。

有些方法需要你改变看法，有些则需要你寻找机会将之付诸实践。比如第 27 条"越努力，越幸运"就是一例。要想从这个方法中获益最大，你要寻找需要你持之以恒和不懈付出的任务。如果找不到的话，就着手解决你一拖再拖的事情，死磕下去直到完成这项任务，然后你就能享受完成一件棘手事或麻烦事所带来的成就感了。最近，我把车库里的垃圾全扔了，这件事我拖了好多年。我找到了一些我以为丢了的东西，这对我来说很幸运。甚至在完成这个任务两个月以后，每次我和太太开车进出车库时，依然能收获到快乐。

1. 态度

美国散文家艾迪生写道:"起得早,干活好,谨慎又诚实,不乱花钱的人会遭受厄运,这样的人我还没听说过。优良的品格,良好的习惯,勤奋自律,能抵抗各种厄运的攻击。"很明显约翰逊·艾迪生有着积极向上的人生态度。

每个人都持有一定的态度,有人天生乐观积极,有人天生忧郁消极。

有一段时间,我在一家打印器材公司的仓库工作。负责发票的那名女子是我见过的最消极的人。她的生活一切都不如意,她喜欢到处倾诉她的问题。在工作中,她喜欢一有机会就制造问题,还喜欢把大家都弄得和她一样糟。如果你说今天天气不错,她就会说:"天气预报说明天会下雨。"我在那儿工作了三个月,多数时候都想让她笑一笑,但是没能做到,我猜她现在还沉浸在她的消极情绪之中。

离开那家仓库不久,我们搬了家。我有一项邮递业务,需要一周去几次当地的邮局。大部分的邮局职员都很友好。但是有一位女士总是哭丧着脸,而且千方百计地为难她的客户。这让我又想起了在仓库工作的那位女同事,这一次我下定决心要让她笑。我花了差不多三年的时间才实现这个目标。

20年过去了,她依然在邮局工作。每一次我一走进邮局,她就微笑着和我打招呼,但是对其他人还是爱搭不理。这件事告诉我,我可以有能力改变我自己的态度,但是却无法改变其他任何人的态度。必须是他们自己想要改变自己的态度。

有一个非常有名的关于两个人如何看半杯水的故事。一个人说杯子是半空的,另一个人说杯子是半满的。这两个人哪个会更幸运呢?乐观主义者期待好事情,因此比起那个悲观主义者,会更容易行好运。乐观主义者态度积极,而态度决定一切。

乐观主义者态度积极,会自我感觉良好,遇事能向前看,提前做好未来规划。而悲观主义者心中满满的都是焦虑和疑惑,腾不出心思来制订未来规划。大部分人的态度会经常发生变化。没有人会一直百分之百的积极。而成功的关键就是积极的时候要多于消极的时候。实际上,我们总是可以做出选择。每当觉得消极时,你可以有意识地改变自己的态度,让自己变得更积极。结果呢,你的自我感觉会更好,生活的压力会更小,你会生活得更舒心、更放松。

态度在生活的任何方面都很重要。想象一下聚会上有两个人,一个乐观,一个悲观,两人同时看到一位迷人的女士。乐观派会想:"最糟糕的结局是她拒绝了我。"他走上前去做自我介绍。悲观派会想:"她一定会拒绝我。我干吗自讨没趣呢?"结果他没有自我介绍,丧失了结交一位新朋友的机会。

再想象一下这两人在工作中的情形。两人同时遇到一个问题,乐观派会想:"我们从另一个角度看这个问题,肯定能找到解决问题的方法。"悲观派则会想:"还是放弃吧,根本就不可能。"悲观派放弃了,乐观派坚持到底并取得了成功。

当我告诉一位朋友我在写"态度"这部分内容时,他说:"态度可不是重要,而是至关重要。不论你做什么,态度都是关键。没有正确的态度任何人都不可能取得成功。一个人的态度将会决定他的成功程度。如果态度正确,想不幸运都难。"我的朋友给周围的人带来快乐,因为他总是积极开朗。他也和其他人一样经历了各种人生的起起落落,但是他有意识地选择让每一天都开心。

乐观的人喜欢和乐观的人在一起,他们期待好事的发生。他们尽可能不和消极的人在一起,因为他们明白牢骚满腹的人会把大家变得和他们一样消极。我每周去一次早餐俱乐部。15年前我就参加了这个俱乐部,因为我觉得自己需要和积极有热情的人在一起。之前我参加过一个魔术俱乐部,但是忍受不了里面持续不断的消极氛围,所以就退出了。和魔术俱乐部相比,在过去的十多年来早餐俱乐部的成员一直在发展壮大。魔术俱乐部成员之间不休的争吵、明争暗斗、争风吃醋，妨碍了他们在事业上的进步。早餐俱乐部的成员不仅实现了自己的目标，而且在生活的其他方面也很顺利。

过去十年来我一直在思考这两群人。偶尔我还会遇到魔术俱乐部的人，他们总是喋喋不休地告诉我俱乐部其他成员的八卦消息。而早餐俱乐部的成员则在忙于追求自己的目标，才不会把时间浪费在八卦和消极情绪上。

20多年前，马丁·塞利格曼博士对大都会人寿保险公司的销售员进行了一系列的实验，不出所料，乐观者比悲观者更成功。塞利格曼博士认为，销售员每天在打陌生电话，是他们的自我暗示打败了自己或支撑自己。如果销售员想"没人想从我这儿买保险"，那么吃了几个闭门羹后很容易就放弃了。但是如果销售员想，"他们可能已经买了保险，但是百分之八十的人都没有保险，"他们会继续打电话。

受到这个发现的鼓舞，1985年，大都会保险公司对应聘销售职位的15000名应聘者进行了更大范围的测试。保险公司没有使用塞利格曼博士的乐观程度测试而录用了其中的1000名应聘者。塞利格曼博士想随后使用这些数据比较，是否乐观的人比悲观的人更成功。事实果真如此。第一年，乐观派的业绩就超过悲观派的8%，到第二年时则超过30%。

塞利格曼教授又进行了另一个测试，他说服保险公司雇用了100位不符合录用标准，但在塞利格曼教授的测试中被评为超级乐观的人，正常情况下这100人是不会被录用的。后来的结果相当令人震惊。在第一年里，这100人的销售业绩就比悲观者高出21%，到了第二年，其销售业绩则比悲观者高出57%。这有力地说明了，相比悲观者，乐观者能成为更优秀的销售人员。如果态度积极，你不仅生活更幸福，而且要比消极派更幸运，因为你乐于面对出现在你面前的一切机会，你会更亲切，朋友圈会更广，这会给你带来更多的机会。

2. 控制

你必须控制自己的想法，因为它会影响你的态度和行为，最终会吸引或赶跑运气。大部分人都不会留意自己的想法是积极的还是消极的。一旦开始关注自己的积极想法，你会很惊讶地发现自己对待生活的态度也发生了变化。很自然，你发现自己时不时地会有消极想法，不必为此责怪自己，只要转变想法，多想些积极的事情就可以了。每次你这样做时，都会变得更积极。时间久了，这个过程就会变成自发的过程了。做销售员时，我发现一个很有用的方法，就是在对下一个目标采取行动之前，先想想刚刚取得的销售业绩。刚取得的成功会帮我积极对待下一桩生意。当然啦，如果我的销售额又增加了，我的同事会说我很幸运。

你要一直相信自己可以掌控自己的命运。就是说不管情形是好是坏，都是由你说了算，你要锁定目标，不断朝它迈进。想法相反的人认为自己在命运面前无能为力，处处碰壁，并将自己的失败和倒霉怪罪于他人。一旦意识到是自己掌控自己的命运，一切都会变得顺利，你会比之前更幸运。

3. 和志同道合的人交往

其他人会影响你的思想和行为。消极的人希望你变得和他们一样消极。我管他们叫吸血鬼，因为他们能吸干你身上所有的积极能量。要和积极的人相处，尽量少和这些消极的吸血鬼在一起。

4. 找一件让你沉浸其中的事情

我们每个人都要有追求。找到一件充满挑战和刺激、值得你付出时间和努力的事情吧。每个人的追求是不同的，对有的人来说可能是取得学位，而有些人的满足感来自和上帝的亲密关系，或者帮助比自己更不幸的人。我认识的一个人开始实施一项个人发展计划，致力于解决他在愤怒或不耐烦时情绪失控的问题。

5. 制定目标，实现目标

这是确定自己喜欢做的事情后要做的工作。最成功的人通常被认为是最幸运的人，他们制定有意义的目标，并通过不懈努力去实现它。通常他们都有很多目标，有的是短期的，有的则是需要付出终生努力去实现的；有的比较容易，有的很难去实现。短期的、容易的目标的实现可以激励他们去实现长期的、更难实现的目标。如果制定了充满挑战、有意义的目标，然后奋力拼搏，你会惊奇地发现自己有多么的幸运。

6. 要开心

伟大的美国总统林肯说过："对于大多数人来说，他们认为自己有多开心，实际上就有多开心。"我相信你同我一样，也认识很多这样的人，他们一辈子都不开心；而有些人，虽然能让他们开心的事情不多，却一直神采奕奕。

多年前一位风水大师 Tai Lau 告诉我："只要你想开心，你就会开心。"这句话简单又深刻，此后我一直遵循这个建议。每天早上醒来后我就告诉自己，要度过美好的一天。我发现带着积极的念头开启一天会让自己感觉非常好，并且让我这一天中不论经历什么都能保持好心情。生活中会遇到各种各样的挑战，在挑战面前依然能保持好心情是不容易的。不论生活如何，你都可以掌控自己的幸福，开心快乐，这是你成熟的标志。

我发现积极开朗的性格让自己在很多方面都更幸运。比如当我进城时，很少有找不到停车位的时候。我相信自己会找到，而通常情况下也是这样的。最近交的一次好运是，我去当地的一家酒店参加品酒会，很幸运地买到了老板用来品酒的最后一瓶酒。他说我很幸运，并提醒我一两年前我也是如此幸运地买到了最后一瓶酒。能买到最后一瓶酒，已经让我很开心了，它还增强了我对自己会交好运的信心。

7. 积极的肯定

肯定，就是一遍遍地说着重复的话，直到积极的想法在心里扎根。肯定,一般语气强烈,就好像不论你说的是什么,事情已经实现了。

你可能正饱受信心不足的折磨。要克服这个问题,你需要一天中尽可能多地对自己说:"我自信又坚强,我可以一个人应付任何情况。"当然啦,当刚开始这么说时,你不会有信心,但是如果一直不断地这么说,最终这会成为你现实世界的一部分,你会获得你需要的自信。

关于运气你也可以如法炮制。你不停地说:"我很幸运。我会好运不断。"你会提升自己的运气。

秘诀在于控制你的想法。你说的任何话都能起到强化作用。如果你一直对自己说"我从来就没有幸运过",或者"生活真不公平",这也会变成现实。

所以,尽可能从积极的角度看问题,这是非常重要的。每一天我们都会有积极的、消极的和中立的想法。如果你发现自己想法消极,要有意识地转变它,朝积极的方向想,或者干脆想点其他事情。

下面的这些话能帮你提升运气。

"我值得拥有最好的生活。"
"我会吸引好事情。"

"我要充分利用每一个机会。"

"我活着,我健康,我感觉好极了。"

8. 和朋友在一起

不久前,我的一位亲戚告诉我他没有朋友。他的时间全用来赚钱了,虽然他站在了成功的顶峰,但是并不幸福。这真可悲,因为好朋友是生活给我们的最美好的馈赠。

由于在家办公,我很容易就投入工作中,渐渐地变成了一个隐士。幸运的是,我和朋友们一直保持联系。我一般在早晨喝咖啡或午餐的时候同他们见面。当回家开始工作后,我觉得开心,有活力,并且工作效率很高。虽然这不是我见他们的理由,但是朋友们总是能给我带来好主意或好建议。

最近提到自己在写的某个话题,我朋友告诉我,他认识一个多年从事这个领域工作的人,问我要不要见他?这偶然的一句话带来的结果就是,我和一位迷人的男士见了面,他给了我很多关于本书的绝妙想法。和他见面对我来说是件幸运的事,多年来我经历了很多诸如此类的幸运事情。

9. 认识新朋友

你不仅要维护现有的朋友关系,还要维护所有的人际关系,愿意接纳陌生人进入你的生活,培养和新朋友的关系。这样做时除了能收获一份友谊,不要想着有其他任何回报。但是每个新朋友都有自己的朋友圈子,所以你的人际圈子会越来越大。人际关系越丰富,你的机会也就越来越多。过一段时间,你就会发现自己变得非常幸运。据估计,平均每个美国人有大约300个联系人。有的关系很牢固,比如与家人和好朋友,有的关系很松散,比如与你在邮局、银行和加油站等地方认识的人。但是每一个人又和其他300个人有联系,所以只需一步你就可以和9万人有联系,当然也可能突破这个数字。如果所有这些人都有300个联系人,只需两步你就可以和2700万人有联系。

交朋友不难,只需你走出去,接受别人的邀请,遇到喜欢的人主动一步。

10. 期待意外所得

意外所得指毫不费力就得到有价值或有用的东西。比如,我在找一本需要的书时，通常能找到另一本更有用的书。

"意外所得"这个词是由英国作家霍勒斯·沃波尔在阅读波斯童话《锡兰三王子》后造出来的，因为童话中的三个王子总是有意外的惊喜发现。

意外所得很吸引人的地方是，如果我期待意外所得，那么我的好运就会增强。比如，去图书馆时我想：自己会意外发现什么书呢？因为期待惊喜的发现，所以我通常都会有收获。

在写这部分内容期间，我在报纸上读到一则有意思的故事。一个人在理发，说到他家的房子太潮湿。理发师说他安装了某种型号的热泵。旁边另一个在理发的人说他卖那种型号的热泵，并负责安装。这人立刻就雇用了那位卖热泵的人。这对有潮湿房子的人和卖热泵的人来说都是意外的收获。我读到这个故事，也是意外的收获，因为我正在写这个主题。

希腊数学家阿基米德曾在锡拉丘兹的公共浴室体验过从天而降的馅饼。他赤身裸体地奔跑在锡拉丘兹的大街上，大呼："Eureka！"（"我找到它了！"）阿基米德意外地发现，从浴桶里溢出的水的体积等同于他浸在浴桶里身体的体积。

几年前，我非常幸运地参观了位于法国西南部蒙蒂尼亚克附近的拉斯科洞穴。这些洞穴是由四个在家附近的小树林溜达的男孩偶然间发现的。他们将地上的一个小洞挖大，然后爬了进去，里面空间很大，他们惊讶地发现岩壁上有精美的动物壁画。

《死海古卷》是由一个牧羊的小伙子于1947年发现的。这些都是意外发现美好事物的绝佳例子。

期待与好运不期而遇，你就会行好运，而且大家都会说你真走运。

11. 滋养自己

很多人的生活都忙忙碌碌的，很难抽出时间用来滋养自己。但是照顾你的身体、情感和精神对你的幸福来说非常重要。自我滋养和自我沉溺无关。滋养是爱，是尊重，是关心，是尊重自己的个体存在。

滋润自己是指每天为自己做一些特别的事情，可以很简单，如不带手机散步，没有任何理由地买束花，给朋友打个电话聊聊，抽出十分钟时间读书，或者在心中列出生命中的美好，又或者仅仅将时间花在自己身上。改变每天的日常安排是个好方法。最好的方法之一就是慢下来，当你慢下来哪怕只是一分钟，你都可以注意到平时忙忙碌碌时忽视的事情。

帮助他人也可以滋养自己，帮助别人可以小到在过马路时对着陌生人笑一笑，也可以是句贴心的话，也可以是奉献时间或金钱。花时间陪别人是最珍贵的礼物。接纳别人即是爱自己，接受自己也会犯错就是爱自己。顺其自然。

滋养怎么能提升自己的运势呢？当你自我感觉良好（滋养当然可以促进你的自我感觉），就会敞开怀抱接纳生活赠予自己的各种美好，好运也会来敲门。

12. 笑口常开

我经常看 YouTube 上的脱口秀。我喜欢笑，因为笑能激发我的活力，释放压力，让我自我感觉良好，提醒我活着真好。

孩子比大人笑得多。据说孩子一天笑 300 到 400 次，而大人一天仅笑 15 到 20 次。虽然个人之间有差异，但是毫无疑问孩子比大人笑得多。

诺曼·卡森斯在《笑退病魔》一书中写道，看麦克斯兄弟的老电影可以减轻他的痛苦和炎症，十分钟的笑声可以为他带来两小时舒适、无痛苦的睡眠。难怪笑声被称为最好的药物。

笑声可以放松人的整个身体，缓解压力，促进血液循环，还可以产生使我们心情愉快的安多芬和抗感染的抗体。从健康的角度看，舒心的笑极有益。

笑还能使人年轻。迈克尔·普理查德说过这样的名言："你不是因为老了而不笑，而是因为不笑而变老。"

当你笑时，你会变得积极乐观，开朗随和，更有吸引力。笑是会传染的，你每次笑时既是在帮助他人，也是在帮助自己。和他人同笑可以增强你和他人的联系，新的体验和新的机会也会朝你敞开大门，这又会增加你的好运。

抓住每一次笑的机会，开心地笑吧。

13. 期待美好事情的发生

这和积极的心态有关。如果你相信有好事发生，那么失败和错误都不能打败你。相反，如果你坚信厄运将到头，好运会来临，一直有这样的期待，你就不会错过每一个来到你身边的机会。

好事有大有小。几个月前，我经过一户人家，这家人正在举行生日派对。十几个女孩在门前的草坪上做游戏，他们的父母在旁边看着她们。其中一个女孩拿着一朵雏菊，我经过时，这女孩跑向我，把花送给了我。

14. 如同你很幸运般做事

相信大家都听过这句话："假装你可以，结果你就真的可以。"我们的心理特别容易受到暗示。如果一直按照自己很幸运的方式做事，并不断强化，你就会发现你真的变得很幸运。假装你很幸运，你就会招到好运，好运就会实现啦。

我的一个朋友总能在街上捡到钱。有几次我和她一起走，她突然弯下腰，捡起一个他人掉下的硬币或钞票。每一次我都路过了，可就是没看见。我问她这个"天赋"从何而来，她说她总能幸运地捡到钱。

15. 消灭消极情绪

如果被害羞、嫉妒或怒火包围，你很难幸运。这样的情绪使你无法前进，因为你的心思局限于自己感知的小世界。其他人也能观察到你的消极情绪，消极情绪没有一点吸引力，让人远离你。

当事情不利于你时，沮丧是很正常的。但是觉得沮丧是一回事，表达出来又是另一回事。当能消灭自己的消极态度时，你就增加了吸引美好事物的机会，好运气当然也是美好的事物。

16. 整个世界由你做主

如果窝在家里不走出去探索这个世界,你可碰不到好运。机会处处有,但是你要走出去,去发现机会。

当然走出你的舒适圈,你会犯错误。人人都会犯错误。有一个我认识的人告诉我说,他喜欢犯错误,因为每一次的错误都使他离成功又近了一步。当我质疑他时,他说每个错误都使自己从中受益,告诉他下次要避免什么。

最近我的一位朋友给一位画廊老板打了个电话。他用了几个月的时间才鼓足勇气打这通电话。我这位朋友热衷于艺术,想看看这家画廊老板收藏的某幅作品。当我朋友说了他的愿望时,这位画廊老板立刻邀请他去画廊,并请他欣赏了全部收藏品。

勇敢地行动吧,整个世界都是你的。

17. 消灭嫉妒

我们都经历过这样的情形,明明觉得自己更适合某个职位，可偏偏是其他人得到了那个职位。没必要羡慕得到那个职位的人。毕竟有可能那个职位的压力很大，或者加班时间大大超出了你的想象。

类似的情绪也可以是当你还在独自打拼时，你的朋友找到了很给力的合伙人。这个合伙人可能看起来很有魅力，但是也可能没钱又难缠。你以为你朋友交了好运，但是实际情况可能正好相反。

羡慕或嫉妒别人表面的风光，不如专注于自己的梦想。

18. 多想想美好的事情

多年前，一名男子找我解决他的失眠问题。我发现每当他晚上上床睡觉时，他就想自己一天犯的错，接着还会想前几天做过的蠢事，接下来想这个月做过的蠢事，一直想到他的童年。他能睡着才怪呢！我让他想一天下来发生的所有好事，他的失眠问题不治而愈。这个人的问题使我想到，多少人不断回忆过去发生的伤心的、丢人的、消极的事情，从而禁锢了自己的生命。

要想幸运，你就要有选择地储存记忆。记住美好的事物，回忆它们时脸上带着笑容。想想发生在自己身上的幸运事，告诉自己真的很幸运。

19. 原谅

如果一直沉溺于过往的伤心事，你就无法前进。每个人都受过伤害，都有愤怒和怨憎的情绪，害怕一切会重来，这很正常。但是没有一部法律规定你必须牢牢抓住这些情绪不放手。如果你这样做，就是和过去死磕。只有当你选择放手，原谅他人时，你才能前进。原谅他人就是解放自己，你才可以重新出发。

不原谅别人就是将自己锁在自己设置的牢笼中，一遍遍回顾过往的伤心事，一次次地受伤害。幸运的人可没时间做这些。他们不是徘徊于过往，而是翘首于未来。

原谅别人也是原谅自己。没人是完美的，每个人只是尽力而为。

20. 充满感激

当努力看到每一件事情好的一面，并为此心存感激时，你就会意识到实际上自己非常幸运。

我举个小小的例子。写作这一部分时，我的电话响了，我接了电话，电话那头的人问一个我不知道的人，我告诉他他拨错电话了，但是他没有向我道歉，相反，他沉默，我还在说话时他就挂了电话。要是以前我会想一想这个小插曲，会想这人怎么能如此无礼。现在呢，我则是默默地谢谢他。是他的电话让我起身离开电脑，休息片刻。

要向你的家人和朋友表达你的感激之情，意识到他们在你生活中的重要性。感谢你的工作，即使薪水不高也要感激。感谢生活。感谢你之所以成为你自己。

美国心理学协会前任主席马丁·塞利格曼博士开发了一项"三件开心事"的感激训练。他建议在每天结束时，想一想这一天发生的三件你最开心的事情。这个方法很简单，但是却能缓解你的焦虑和抑郁，同时提升你的幸福感。

21. 敢于冒险

不尝试就不会有成功。而尝试了，即使没有回报，你也会收获经验。尝试意味着冒险，但这种冒险不是踩着钢丝横跨尼亚加拉大瀑布，而是迈出第一步，在聚会上向陌生人做自我介绍，也可以是大胆地要求加薪。

当然啦，你要尽量控制风险，避免鲁莽或发生危险。谨慎地分析具体的情况，评估风险，然后采取行动。

22. 保持好奇心

我们很容易忽视自己今天都活着住在这个丰富多彩又神奇的星球上是多么幸运的事情。试着在无云的夜晚外出，凝视星空。去附近的观景点转转，赞叹美景，看群鸟飞舞，在沙滩上漫步，听听孩子的笑声，和宠物玩耍。我们的周围不乏惊喜，停下来欣赏它们吧。停下来欣赏身边的惊喜也会让你意识到自己有多幸运。

23. 花时间独处

从日常生活中抽出一些时间用来自我放松。可能刚开始这么做很难，但是你越忙碌，这样做就越重要。当你一个人安静地坐下来思考自己的梦想时，那么多涌现出来的想法一定会让你很惊讶。不要坐下来任由思绪蔓延，而是让涌现出的想法有助于解决你的问题，当然问题并不一定是某个具体的问题。你可以将这些想法付诸行动，这些想法可以让他人的生活更舒适和便利。这些想法冒出来时不要衡量他们的价值，而是将它们记下来，随后再想这些想法。

你可以花费时间在自己身上去致力于自己的一项爱好，锻炼身体，或者做其他自己喜欢做的事。你会发现不论自己在做什么，好想法会自然涌现。

24. 沉思

抽出时间一个人思考益处良多。如果你能学会沉思，收获会更大。"Meditate"这个词来自拉丁词"Medi"，是"集中"的意思。沉思是内向性活动，直指你的内心。

沉思益处很多，可以使心灵平静，改善心理健康，增强免疫力系统，缓解压力、抑郁、背部疼痛和消极情绪。

沉思的方法很多。有的人在散步、慢跑、园艺或者欣赏美景中沉思，有的人通过沉浸在爱好中沉思。沉思者在这些活动中精神集中于一点，不受外界和内心忧虑的干扰，所谓片刻即永恒。

最简单的沉思方法是坐在一张舒服的沙发上，用鼻子深呼吸几次。我喜欢在沉思时闭上眼睛，很多人在沉思时喜欢盯着燃烧的蜡烛，或者一副平静的景象。每次呼气时都放松自己，感觉全身的肌肉都在渐渐地放松。

你可能注意到自己会时不时地胡思乱想。要是你注意到了，可以通过将注意力集中在呼吸上来驱散这些念头。

当你完全放松时，让你的思绪飘到"幸运"这个词上，你的脑海里会涌现出各种想法。要是你发现这些想法和幸运无关，再次将你的注意力集中在呼吸上，同时轻轻地对自己说"幸运"这个词。

沉思完后，你可以说一句简短的祷告词，感谢宇宙的建筑师。睁开眼睛，继续放松一两分钟，觉得差不多了，就可以站起来了。

放松身体、放松你的思绪都需要练习。当你的思绪飘忽不定时不要焦虑。只要将你的注意力集中在沉思上面就可以了。如果每天可以沉思 10 到 15 分钟，你会惊讶地发现自己对生活的满意度提升了很多，会更放松，不再那么焦虑，更包容，更善解人意。当然你也会觉得——并且会变得——更幸运。

25. 坚持

通常最成功的人都是拒绝放弃的人，当大部分人都放弃时，他们还在坚持。美国前总统卡尔文·柯立芝（1872—

1933）证实过坚持的力量。他曾写道："世界上没有任何东西可以替代坚持。才干不可以，无所作为的能人十分普遍；天分不可以，碌碌无为的天才尽人皆知；教育不可以，受过良好教育的没落者更是比比皆是。只有毅力和决心是无所不能的。""坚持下去"的口号已经解决并将继续解决人类的各种问题。

在努力实现宏伟的目标时，你会动摇，这很正常。你不可能一直都积极向上。所以有的人会觉得目标太遥远，过程太艰难，而放弃了。就算目标看起来遥不可及，有毅力的人也会坚持不懈。

当他们成功时，奇怪的事情发生了：大家都看不到他们经年累月的付出，而只是说他们很幸运。

26. 在失望中找寻希望

当你发现自己处境艰难时，要在层层乌云中找到一丝亮光。可能你不会一下子就找到，但是总会找到。这一丝亮光可能是一次教训、一个深刻的见解，或者是你暂时未看到的收益。

找寻亮光的有益之处在于你立刻就会改变态度，不再悲观丧气，而是坚信自我，开始积极行动。这也意味着你在掌控自己的生活，而不是听凭环境的摆布。

27. 越努力，越幸运

南非的高尔夫运动员加里·普雷尔是几个诠释"越努力，越幸运"的人之一。这句话是说当你辛苦拼搏时，会发现幸运的机会，而不努力的人从来看不到这些机会。有意思的是，既然大部分人都看不到努力带来的机会，那也不必担心竞争了。

28. 尝试新事物

几个月前，我去拜访一位朋友，注意到他正在读一本有关橱柜制作的书。我从没见过他做过如此实际的事，就问他怎么看这么实际的书。他说自己每月都从当地图书馆借一本主题他一无所知的书，有的书他觉得很有意思，有的书他读了几章后就不读了。

"这让我思维活跃，还给我灵感。"他笑眯眯地说道。

我的另一位朋友在75岁时开始学钢琴。"这让我保持年轻。"她对我说。

学习新事物，去做新事情让你思维活跃，外表青春，还能使你接触新思想、新观念，而这一切都可能提升你的运气。

29. 找寻机会

美国浸礼会牧师、慈善家和作家罗素·康威尔（1843—1925）写过一篇雄辩有力的演说稿《几英亩的钻石》，这个故事他讲了6000多遍，最后于1890年出版了。在这篇演说稿中，康威尔讲了一个人为了去其他地方寻找钻石卖了自己的地，买这块地的人后来在这块地上发现了钻石。实际上，在这块地上发现了最大的钻石，后来这块地被开发成金伯利钻矿。故事传达的意思是你不必四处去找寻机会，机会处处都有。

当你遇到问题时，想想背后可能隐藏的机会。你的解决方法可以从不同方面给你带来回报。

找寻机会的一个好方法就是问问题。为什么事情要这么做呢？为什么我在当地买不到什么什么呢？找到好机会，充分利用好机会，等着你的朋友对你说你有多幸运吧。

当你开始积极地找寻机会时，你会发现机会遍地有，就算你不找机会，机会也会冒出来。

30. 人格魅力

当一个人的性格天然地就让别人有好感,就说这个人有人格魅力。"Charisma"这个词起源于希腊语"Kharisma",意思是"优雅的天赋"。德国社会学家马克斯·韦伯(1864—1920)曾说过:"人格魅力是将有魅力者和普通大众区别开来的人格特征,这类人就好像具有超自然、超人类的能力,至少禀赋异常。"如此一说,好像只有一小部分幸运的人才具有人格魅力。其实只要想迷人有魅力,每个人都可以做得到。人格魅力的秘密就是喜欢他人。如果你发自内心地喜欢他人,你会对他们感兴趣,这会在你的言行举止和面部表情上流露出来。微笑,看着对方的眼睛,放松,聆听,以及做自己。

当你看着喜欢的人或物时,你的瞳孔会放大。其他人不会注意到,但是会无意识地感受到。这也是为什么我们知道对方喜不喜欢我们,他们的笑容是真诚的还是假装出来的。

变得更有魅力的最直接的方式就是多和别人沟通互动。在排队或外出时和周围的人聊两句。和收银员、服务员聊聊。如果觉得和陌生人聊天很难的话,你可以向他们问时间或问路。你会发现大部分人都会面露微笑,很乐意帮你。某些聊天还可以深入下去，结果就是你和别人聊得很愉快。这种聊天冷不防地就给你带来了好运。

31. 按直觉行事

有人将直觉称为第六感，但是你不必相信超验说才能体验直觉。直觉是你对有些人或有些事的感觉或预感。你无法用逻辑分析，但是你的内心知道某些事是对还是错。我是付出一番代价后才学会按直觉行事的。平时，我都是让逻辑决定直觉，但事后总是后悔。按直觉行事会给我带来好运，因为直觉会告诉我要不要继续做某件事。

32. 聆听

上小学时，我的一位老师一直对我们讲："说话时你什么也学不到。"我不知道自己当时有没有明白老师的话，但是这么多年来我一直很感激她的忠告。我和别人聊天时，他们经常会出其不意地给我一些很好的想法。如果自己一直想着接下来要说什么，而不是聆听，我不会收获这么多好想法。

我写过的一本畅销书《梦境中的动物》，灵感就来自我偶然听到两位女士在谈论出现在人们梦中的动物的含义。我向这两位女士做自我介绍，说很抱歉听到了她们的聊天内容，随后就和她们两人一起大谈特谈这个话题。那天我可真幸运。

很多人喜欢听自己的声音，喜欢控制谈话。我想他们这么做是想引起关注，成为谈论的焦点，或者是显得比别人聪明。每当我发现自己这样时，都会用老师说过的话提醒自己。

当你真正做到倾听时，你会对新思想、新经历持开放的态度。你自己也乐于尝试新事物，接着大家就会告诉你，你很幸运。

33. 肯定回答

回到 1976 年我到伦敦的第一天，我撞见了在新西兰认识的两个人。他俩要去参加一个派对，邀我同去，我第一反应是拒绝，毕竟整个派对上我只认识这两人，况且派对还不是这两人开的。我很有可能一个人落落寡欢。尽管顾虑重重，我还是答应了，我的人生就此发生了改变。在派对上，我遇到了一位名叫玛格丽特的年轻女子，如今我和这位女子已结婚四十多年了。如果没有接受这个邀请，我不可能遇到我太太，我们俩有可能都过着另一种人生。

我父亲和我母亲的相遇也差不多如此。我父亲刚从"二战"的战场回家，我奶奶遇到了我父亲部队一位高级将领的夫人，这位夫人邀请我奶奶和我父亲参加一个下午茶活动。我父亲不想去，和长官一起回忆战争的创伤，还有比这更残忍的吗？但是我奶奶一再坚持，所以他就去了。招待客人喝茶、吃点心的是这位将领的侄女。不到一年，他们就结婚了。如果我父亲没有参加那个下午茶活动——他差一点就没去，也就不会有我了。

想想你父母、你祖父母是如何相遇的，更不要说你的祖辈们了，现在意识到你能来到世上是多幸运了吧。

有很多邀请和机会因为各种原因被我们拒绝了。我们不可能对什么都接受，但是在拒绝前，先想想每个邀请可能蕴藏的机会吧。

有一件事我很后悔，15 年前在拉斯维加斯，我在一位朋友家做客。他刚对我说过他很累，这时电话铃响了。那是一位世界顶级的魔术师打来的，他邀请我在他表演完后一起吃晚饭。我很想去，但是我朋友刚告诉我他很累。我拒绝了这位魔术师的邀请,没有见他。我是想过叫出租车,但是我知道我朋友一定会坚持开车送我过去,并且接我回来。我当时应该答应我朋友开车送我过去,但是坚持自己打车回来。我们都后悔过,但是在拒绝前三思,你后悔的概率会小得多。

34. 活在当下

我们能拥有的时间就是现在。孩子活在此刻,完全沉浸在所做的事情中。大人很难做到这一点,因为很多人会回顾过去,回想过去的问题和忧虑,而这些问题与忧虑和现在毫无关系。就算他们不是烦恼过去,也在担忧将来可能发生的事情。

只有此刻的生活才是真实的。不论是沉陷于过去还是忧虑未来,你都不可能幸运。要想幸运,你需要活在当下,抓住此刻来到你身边的机会。

35. 视觉化

视觉化是将你期望的结果尽可能清晰地想象出来。比如,明天你要参加一个工作面试,你可以舒服地坐下,闭上眼睛,想象面试会怎样进行。你可以想象自己醒来,对要参加的面试很兴奋，想象你自己穿好衣服，吃早饭，出门去参加面试。虽然你可能之前没去过面试地点，但是可以想象自己坐下来，等待面试官。想象自己走进面试官的办公室，在脑海中将整个面试过程想象一遍。你想象中的自己面带自信的笑容，和面试官进行眼神交流，问问题，积极回答面试官问你的每一个问题，再想象自己和面试官告别，然后度过了剩下的一天，你很开心，因为你知道你给面试官留下了好印象，为了那个职位已尽力了。

这么做之后，在进行真正的面试时你会发现自己很放松。因为放松，你在面试时可以快速思考，镇定自若地回答问题。你会从所有的应聘者中脱颖而出，这极大地增加了你得到这个职位的机会。

想象一下这个场景：对于要参加的面试你不是积极自信，而是忧心忡忡。你可能会对自己说："我真的很紧张。这个工作我到底能不能胜任？面试官会不会喜欢我？我会给面试官留下好印象吗？我就知道我不适合这个职位。"即使闭上了眼睛，你也没有能够放松，当有上述这些念头时，你其实已经在进行视觉化活动了。如果带着这些消极想法去面试，你能面试成功的可能性将大大降低。

每次当你想象积极的结果时，你的好运都会增加。部分原因是你信心满满，以积极的心态处理问题。此外，整个宇宙都能感应到你的积极态度，会助你一臂之力。

36. 保持好奇心

初入职场时，同事总是告诉我，我的问题太多了。我问问题，是因为我好奇。我想知道为什么是用这种方式做事。也许我问的问题是多了些，但是我也因此学到了很多，偶尔还可以提出有助于公司进行改进的建议。

我现在依然问问题，但是比不过我的小舅子。他敢问大多数人都不敢问的问题，因为大家怕被别人说很傻。他的好奇心带给他一大笔财富。大家都说他很幸运，但是他的成功在很大程度上要归功于他的好奇心。提出问题，并思考解决之道给他带来了很多商机。

问问题，保持好奇心，看看你会有多幸运吧。

37. 每个人都很重要

不太可能知道谁会给你带来好运。你可能很尊重权威人士，毕竟他们可以直接帮助你，或者影响帮助你的人。但是，你需要同样尊重那些不是很重要的人。地位卑微的人或许认识可以帮助你或向你提宝贵建议的人。谁知道认识他们能给你带来什么好运呢。将来这个人或许会高升，依然记得你当初是怎么对待他的。

如果你让别人觉得他们很重要，他们也会以同样的方式对待你。

38．让每一天都很特别

让今天成为特别的一天，今天没什么可以困扰你，你看到的都是事情最好的一面。你或许会为特别的日子提前一两天做出安排，计划你会做什么，和谁一起度过，你想实现什么。但是如果今天就是个普普通通的工作日，你可能就不会做出这样的安排，但是依然可以将今天过成特别的一天，今天一切都顺利。

一旦你这样做了，你会不断地重复，直到每一天都是特别的日子。当你能够做到时，会发现没什么可以困扰你，你会觉得很放松，一切尽在你的掌控之中。你会发现好运接踵而至。

39. 让榜样鼓舞你

按照你想成为的样子生活。如果你彬彬有礼，谈吐不凡，面带笑容，不牢骚满腹，勤勉认真，大家会认为你是位积极上进的优秀人士。你要一直温和有礼，诚实可信，穿着得体。如果你能做到这些，又会成为别人的榜样，激励别人，幸运的大门会向你打开。反过来，大家又会说你可真幸运。

40. 双赢的思维

双赢是指当你和别人合作共事时，要确保结果对每个人都合理，当事人都能从中受益，这样做的基础就是公平、妥协、合作和共赢。传统的我赢你输的思维对别人不公平，一张饼你分得了大半，别人就只能分一小半，会认为你占他们便宜。

这并不是说你要负责别人的利益所得，而是说你要诚实正直，用你希望别人对待你的方式对待别人。他们负责他们自己的利益，而你则专注于自己的利益。

如果你在做事时一直秉持真诚的品格，你会发现有越来越多的机会向你走来，告诉你那个饼其实是无限大的。

41. 随机应变

要顺其自然，随机应变。你可能已打算看某部电影，但是那部电影可能已过了放映期，或者不在你所在的地区放映，或者你的朋友不想看那部电影，而是想看另外一部电影，或者想出去吃饭，或者你要一直等人，不要生气，相反，你可以打打电话或者看本书。

随机应变的人要比呆板不变的人有意思得多。如果你包容开放，听取新想法，在必要时修改已制订的计划，你比那些顽固不化之徒的收获要大得多，而且会更幸福，当然也会更幸运。

42. 帮助他人

帮助他人的方式有很多。一个最好的方式就是花时间陪他们，即使只是微微一笑也是帮助。帮助别人会让你自我感觉良好，也是和他人互动的过程，谁知道和他人的沟通互动能给我们带来什么呢。说不定会带来一辈子的友谊呢，也可以提升他人的生活，让世界变得更美好。

43. 找一位人生导师

人生导师通常总是在关键时刻走进我们的生活。巴菲特的人生导师是本杰明·格雷厄姆，而巴菲特本人也是很多人的人生导师，雷·查尔斯的人生导师是威力·皮特曼。对巴菲特和雷·查尔斯而言，他们的导师都是在关键时刻出场的。

导师在很多方面都能提升你的运气。他们教你宝贵的方法技巧，向你引荐有影响力的人，帮你打开通向外部世界的大门，给你提供学习和练习技巧的机会。他们鼓励你，给你打气，支持你的想法。撇开这一切，导师会维护你的最佳利益，成为你的好朋友，任何时候你需要帮助、建议都可以向他们求助。

你和导师的联系可以维系几十年。有的人帮你启航，助你前进。虽然我当时没有意识到，但是我上学时的一些老师就是我的人生导师。他们能看到我自己都没意识到的蕴藏在我身上的潜能，并引领我往正确的方向前行。他们都是我人生的短期导师，但是重要性不输长期导师。

一般都是导师找到你，但是如果你需要一位导师，你自己也可以找到一位。找一位你想涉足的某个领域内知识丰富又好相处的人，问他你是否可以联系他或向他请教。你这么问的话，大部分的人都会感到受宠若惊，渐渐地这个人就成为你的导师了。当然也不是每个人都想成为别人的导师。如果你被拒绝了，没关系，只要不停地找，一定可以找到你的导师。

44. 成为导师

很多接受别人指导的人最终都成了别人的导师。将自己所知道的传授给他人，帮助愿意接受帮助的人本身就是乐事。指导他们会让自己更幸运。你指导的人一般都比你年轻，他们会反馈给你不同年代人的观点和态度。这会给你带来你之前可能不会留意到的机会。指导有潜力的人所带来的满足感和快乐也会增加你的自尊。帮助他人，整个世界都为之受益，整个宇宙也会回报你的付出。当你和宇宙融为一体，你的好运挡都挡不住。

45. 练习黄金法则

"己所不欲，勿施于人。"这条精神传统告诉我的是用你希望别人对待你的方式对待别人。这句话的出现比基督还早1000年。从古埃及的中王国时期（前2030—前1650）流传下来的一个故事《能言善辩的农民》说的就是："别人怎样对你，你就怎样对别人。"

黄金法则说起来容易做起来难，因为大家时不时地都要同难缠的人打交道，也是在这样的场合你最需要练习黄金法则。

当你练习时，你要想到你的行为对别人造成的影响，学会换位思考。换句话说就是对别人产生移情。对别人充满同情、关怀和尊重，你的自我感觉也会发生变化。别人会回应你、信任你，同时你会收获更多的机会。

46．觉得自己是幸运的

觉得自己幸运关乎态度。如果你期待幸运的事情发生，那幸运的事情可能就会发生。当幸运来临时，你能发现它。相反如果你对待生活的态度悲观消极，就算机会来到你面前，你也会视而不见，因为你只看得到事情消极的一面。

幸运人的幸运是他们自己创造出来的，因为他们态度积极，期待美好的结果。他们和其他人都一样，也经历了生活中的起起伏伏，但是因为对好运有所期待，所以他们会打起精神，开始留心下一个机会。

47．自尊

我们对自己的要求比对他人的要求会更严格。你不会告诉你的朋友他们不是懒就是笨，但是却会对自己这么说。你也理应得到所有你给予别人的尊重。从欣赏自己开始，在整个历史长河中，从没有另一个人和你一样。你就是独一无二的你。

对自己真诚。我们都会犯错误。当你犯错误时，承认自己犯了错误，吸取经验教训，然后继续前进。我认识几个人，总是为过去的错误喋喋不休地埋怨自己的合伙人。如果能知道他们之前的合伙人对此有什么看法一定很有意思。承认自己的错误，原谅自己和他人，然后继续前进。

这么做时要回避不尊重你的人。他们会带来不必要的压力，降低你的自尊。

当你尊重自己时，你就可以平静地应对任何情况。你对机遇持开放态度，这又会反过来增加你的好运。

48. 永远都不会晚

你可以在任何年龄段改变自己的人生。你可以在20岁时交到好运,也可以在50岁甚至80岁时交到好运,这和你的实际年龄无关,好运永远来得不晚。

很多年前,我的一位销售代表朋友告诉我他觉得自己变老了,干他们那一行的年龄最大的不超过40岁。我很纳闷怎么一个40岁不到的人会有这种想法。但是后来我遇到很多人都感觉有年龄瓶颈。我的朋友喜欢打扑克牌。在他朋友的大力鼓励下,他在当地的报纸上登了个教别人提高牌技的小广告。这个尝试起初规模很小,现在则成了我朋友的全职工作,他对此开心又满足。

在40多岁、50多岁以及更高的年龄开始创业的例子并不罕见。摩西奶奶(1860—1961)在70多高龄时开始学习绘画。2006年,她的一幅作品《槭树园里的熬糖会》卖出了120万美元的天价。

我所在的一座城市有位退休人士在他67岁时开了家水果蔬菜店。15年过去了,他的事业蒸蒸日上,当初的一个小店现在成了连锁店帝国。我相信他压根就没想过要退休。

朱莉娅·蔡尔德开始只是一名广告撰稿人。当她的第一本书《教你做法国大餐》出版时，她已快50岁了，那时她才声名鹊起，她的职业才刚刚开始。

在很多领域成熟都是优势，因为你有多年的生活阅历。如果你担心自己的年龄，那就好好衡量你的技术和兴趣所在，然后决定自己想追求什么。我敢保证，只要你迈开第一步，越来越多的机遇会朝你涌来，大家就会叫你"幸运儿"。

49. 生命是场旅行

每年我都制定目标。我发现这些目标很有用，因为它们让我的生活有条不紊，我相信要是没有这些目标，我不会有这么大的成就。我认为目标就是指引，一旦环境变化或者新机遇出现时，我都毫不犹豫地改变原来的目标或者彻底抛弃这些目标。我的目标很灵活，如果我没有实现目标，也不意味着这就是世界末日。

很多人都陷在他们制定的目标中。他们的目标一成不变，结果压力、焦虑随之而来，他们有逃避倾向，或者认为没有自己想象的进步快。如果一个人一直觉得有压力，焦虑，怎么可能还会感觉自己幸运呢。

一个简单的解决办法是将生活看成一段旅程而不是一个

目的地。如果关注旅程本身，你会欣赏沿途的风景，会将大部分时间都放在当下，而不是担心将来可能会发生或不会发生的事情。这个方法会让你敞开胸怀迎接各种各样的好运。当你活在当下，尝试新事物，意外惊喜也会连连不断。

50. 确定你的方向

每天我们都要做选择，做决定。当然大部分的选择和决定都无足轻重，但是也能说明你在生活的方方面面做选择的能力。你有能力选择生活的方向。实际上正是你每天的选择和决定创造了你的生活。你可以改变对生活的看法、反应，甚至是情绪。如果你对目前的生活方式不满意，就不会认为自己是个幸运的人。但是，有意识地做出改变，你就有能力改变你的现在和未来，这样好运气又会重新回到你的生活中来。

51. 目标和价值一致

要想幸运，就得目标和价值一致，如果不一致，幸运之光就不会向你闪耀，你会紧张或者缺乏动力。如果你的价值高而目标低，你会发现自己没什么成功的动力；如果目标定得高而价值低，你不会有什么成就感。

只有目标和价值一致，你才会积极主动，并变得幸运。

52. 根除坏习惯

我的一位朋友总是迟到，他约会迟到、会议迟到、社交活动迟到、错过航班，甚至有一次去得太晚没有见到他崇拜的人，而这仅仅是他丢失的众多机会中的一次。除了错失良机，这个坏习惯还给他带来了很大的不必要的压力。

有坏习惯的不只他一人。我们都有坏习惯，坏习惯让我们痛失良机，给我们带来压力，拖我们前行的后腿。如果你想变幸运，就要克服这些坏习惯。

选择一个坏习惯，坚持一个月。每次你克服一个坏习惯时都为自己喝彩，但是如果你没有战胜坏习惯，也不必和自己过不去。提醒自己你想要改掉这个坏习惯的理由，下定决心下次做得更好。心理学家声称改掉一个坏习惯需要28天的时间。所以从你决定改掉一个坏习惯后差不多一个月的时间，你就走在迎接成功的道路上了。再用接下来的一个月巩固新习惯，然后你就可以着手克服另一个坏习惯了。这么做时，你是在提升自己的好运。

53. 接纳你自己

你可以克服坏习惯，但是无法将自己变成你不喜欢的那个人。比如，如果你外向，可以学着多倾听而不是一直要努力成为焦点，但是你不应该将自己变成一个内向的人，因为内向不是你。同样地，如果你内向，可以努力变得开朗，多说话，但是就别费劲想变成一个外向的人了。不论你是内向还是外向，抑或居中，都应该挖掘自己的优势，并加以充分利用。只有充分开发自己的天赋和能力，你才能变得最幸运。

54. 善良

用你的善良给别人带来惊喜吧。在超市结账时，如果你的手推车里堆得满满的，而你后面的人只有一两件物品，让你后面的人先结账。你会很开心的，你后面的那个人也会感激你，对你们两人来讲，世界更美好。即使善举简单如一个微笑、一句好话，都能帮助别人。

善良不一定有成本，却可使人人受益，让你觉得自己是个好人。你全身充满了正能量，想不幸运都不行。

55. 能量

"Drishti"是梵文,指超视觉能力,既用眼睛将意念集中在某物上。瑜伽中说的是,在冥想或练瑜伽时将意念集中在九点之中的一点上。我们都用眼睛看东西,但在瑜伽中,还可以用眼睛感知我们看不见的内在世界,能看到每件事物中的神性。

当你用眼睛向你每天遇到的人传递善良和悲悯的正能量时,你就是在练习"Drishti"。这些人是你的家人、朋友、熟人,也可以是陌生人。他们甚至不知道你是在练习"drishiti",但是他们能感知你的爱意和关怀。结果不论你走到哪儿,好运都陪你走到哪儿。

56. 和孩子在一起

问问老师"孩子说真话"这句话对不对,你会听到从孩子视角描述的让人忍俊不禁的故事。孩子眼中的世界和大人不同。听孩子怎么说,思考他们的话,你能收获很多。通过孩子的眼睛看世界是种恩典,你会惊讶于一个小小的孩童的智慧,惊讶于他们对生活的深刻认知。

57. 改变一件事情

人们常常不惜一切代价企图改变整个生活，但是却为此变得很沮丧。这根本就不可能做到。但是如果你一次只做一个小小的改变，然后一个接着一个，你的生活就会发生巨大的变化。做出了一连串小的改变之后，最终你会受益无穷。改变一个习惯需要三到四周的时间。用足够的时间改变一个习惯，因为有的习惯需要更多的时间，花更大的工夫才能改变。

你不断做出改变，还会带来另外一个收获，那就是每个小小的成功都会让你的自我感觉更好，这会在你的言谈举止、面部表情和思想中表现出来。你对自己很满意，每个小小的改变都会让你更幸运。

58. 进入状态

当你处在体育运动员所说的"状态"中时，你会全神贯注到忘了时间的存在。你的工作应该让你全力以赴，既充满挑战又充满乐趣。人们发现当他们在参加体育活动、演奏音乐、写日记、沉思和练瑜伽时，更容易进入状态。我认识一个打柜子的人，他在制作大件的物件时总是容易入神，他觉得进入状态很容易。我发现我自己在写作时容易忘我。当我的写作很顺畅时，时常忘了吃午饭，这让我的家人很惊讶。

当你完全沉浸在一件事情中时你尤其幸运，因为这时你从完成了困难的任务中获得了足够的快乐和满足。

59. 自发的善行

大部分情况下，帮助我们的朋友和家人都让人心情愉悦。这或许是因为家人和朋友对我们好，我们想用委婉的方式感谢他们。但是没有任何理由地帮助陌生人会给我们带来特殊的喜悦。这种随机的行为可能会让你上瘾，因为所有人都从中受益。我开始尝试随机的善行是从有人在停车场帮我往停车计时器里投硬币从而使我免交罚单后。二十多年过去了，我不知道这人是谁，可是始终记得他，希望自己也对他人做出同样的善行来回报当年那个帮我往停车计时器里投硬币的人。我儿子的一位朋友总是往自动售货机里多放些钱，这样下一个人就会得到免费的小食品了。

当然啦，不花钱一样可以有善行。恭维不花钱，但是效果却很好。对着别人微笑能振奋他们的精神。我认识一位退休人员，他每周都去一个养老院，在里面待几小时。他让养老院里很多孤独的人精神焕发。我认识一位上了年纪的女士,她定期收到住在同一街道的小伙子自己种的蔬菜。花时间做有意义的事情也是帮助你周围邻居的好方法。

自发随机的善举可以在很多方面提升你的运气。宇宙的基本准则之一就是:"善有善报,恶有恶报。"有时候你还会遇到你帮助过的人,你们或许会成为朋友,新朋友带来新机遇。你的生活会变得更好,因为帮助他人必然会让你更幸福。

第二部分
幸运工具

纵观人类历史，人们想出了各种各样提升运气的方法，包括语言、宝石和护身符。时至今日，有的人依然相信说某些话、戴正确的宝石或护身符能提升运气。实际上，这么做也确实有效，因为说什么、戴什么，只要你相信，就会将意念集中在你的愿望上。

多年来我收集了很多幸运符。我不相信这些幸运符能为我带来好运，但是戴上幸运符让我想到幸运这件事本身，以及我有多幸运，提醒我不论去哪儿，都要保持积极的心态。因为我觉得自己是幸运的，所以好事才会发生。

结果，不论你相不相信幸运符，幸运符都有用。在你阅读本章时，不妨选一两个幸运符，试验一下吧。

假设你选择本书中第 105 个幸运符纽扣作为你的幸运符。别管是什么纽扣，把它放在口袋里，或者你一天可以多次看到的地方，每次想到纽扣，摸一下，拿到手里，提醒自己很幸运。如有必要，花几分钟想想你生命中最重要的事情，比如家人、朋友，还有生命本身。只是想一想就会让你觉得很幸运，因为你期待美好事情的发生，好事就会发生。

第 3 章　吉利话

在人类发展的长河中，有些词语被认为有魔力，可以招来好运。最初，咒语就是一些说出来或唱出来的话。"Charm"（"咒语"）这个词来自法语单词"Charme"，是"歌声"的意思。这方面最好的例子是教堂礼拜仪式最后，牧师说的赞美词。有人把咒语写下来，于是咒语就和护身符、法宝这些看得见的物件联系在一起了。但是，咒语的魔力依然得以保存。

我的一位好朋友是魔术师，但是热衷于赌博。每次当他走进赌场时，都对自己说："Abracadabra！"他把这当成自己的幸运符，因为魔术师认为这个词有魔力，赌徒在进行下一轮押赌时也爱说这个词。

你可能会发现本章列举的某些词和自己有共鸣，可能喜欢它们的发音，或者就是喜欢说某些词。因为你之前没有听说过，所以打算使用它们。在有人告诉我"Nefer"这个词后的一段时间里，我很喜欢用这个词。不管出于什么样的原因，在你需要帮助、需要运气时，不妨尝试说说某个词。你不必相信这个词本身暗藏运气。当不停地对自己说某个词时，你在提醒自己幸运这件事，这会使你对潜在的幸运机会更敏感。

60. Abracadabra

"Abracadabra"来历久远，它的起源已不可知。最早是罗马物理学家昆塔斯·塞里纳斯·赛门尼库斯于公元208年写下来的，但这个词可以追溯到更早，或许来源于迦勒底语的"abbada ke dabra"，和这个词一样都是"消逝"的意思。

用"abracadabra"做成的护身符有11行。第一行是这个词本身，从第二行开始去掉最后一个字母，每行都去掉最后一个字母，最后一行只剩字母"A"了。

ABRACADABRA
ABRACADABR
ABRACADAB
ABRACADA

ABRACAD

ABRACA

ABRAC

ABRA

ABR

AB

A

这一串单词能传输出强大的能量，可以驱走任何形式的邪魔。在中世纪时，这是被当成驱逐病魔的幸运符戴在脖子上的。很多年前，我在黄昏时在沙滩上散步，见过有人在沙子上画这个幸运符。我希望这能为那个人带来好运。

虽然如今这个词只是用来逗小孩子玩了，但是依然有魔力，任何时候你想要强大的魔力时，都可以说这个词。这是个可以说出来的幸运符。

61. 桑原

"桑原"是个日语词，古时候当人们呼唤神灵时就说这个词。这个词的本来意思是一个小村庄名。有一次雷神从云端摔落下来，村中一个年轻女子帮他重回天宫。雷神很感激她，告诉她因为她的帮助，这个村子永远不会遭雷劈。

日本人说"桑原，桑原"的方式和西方人说"敲敲木头"一样，目的都是驱走厄运，增加好运。

62. Bedooh

"Bedooh"是某些中东地区、土耳其和伊朗的咒语，这个词来自阿拉伯语，意思是"他步履矫健"。这个词可以印在印章、宝石、宝剑和头盔上，起到护身符的作用，并带来好运。苏菲派作家艾哈迈德·伊本·阿里·阿尔–布尼（卒于1225年）曾写道："将此咒语刻于红宝石之上，必好运不断。"

63. Mahurat

"Mahurat"是印度语，意思是"幸运时刻"，一般用在冒险之前。在宝莱坞，从事电影的人将电影开机的第一天称为"Mahurat日"。

重要的日子，比如婚礼、洗礼、搬新家、开始一份新工作都是"Mahurat日"。在印度农村，农民将诸如开始播种、收割等进行重要活动的日子也称为"Mahurat 日"。不论何时只要你愿意,你都可以有自己的"Mahurat 日"。

64. Prosit

"Prosit"或者"Prost"是德语和斯堪的纳维亚语中常用的祝酒词,"祝好运"的意思,也有祝你身体健康和好运的意思。"Good luck"("祝好运")也是很常用的祝酒词。

65. 贺礼

"贺礼"是送给别人祝他们好运的小礼物,也可以指在收到的几笔收入中的第一笔钱。比如,新工作的第一笔薪水,新业务中的第一笔交易,生日上收到的第一份礼物。"Handsel"这个词起源于古斯堪的纳维亚语,是"合法转移"的意思。

66. 福

"福"是个中文字,"幸运"的意思。严格说来,"福"

是幸运的源头。在中国过春节时，家家户户都贴倒"福"，因为这听起来像是说"福到了"。

67. 美人

在古埃及，"Nefer"这个词有很多含义，全都是褒义的，比如美好、完美、漂亮和幸运。"Nefer"是以埃及皇后那芙提提（Nefertiti）命名的，那芙提提皇后最著名的画像是她戴着黄金和纳夫珠项链的那幅。象形文字中的纳夫很像竖起的琵琶，纳夫珠就是按照这个形象雕刻的。有钱人戴将小小的红宝石嵌在纳夫珠里的手链或项链，以此当成他们的幸运符。

68. Mazel Tov

"Mazel tov"是希伯来语中"幸运"的意思，这个词不是表达良好祝愿，而是说好运已来临。对别人说"Mazel tov"类似于说"你真幸运！"

"Mazzel"在密西拿希伯来语中是"星座"的意思。"Mazel tov"和这个词有关，指在出生时星盘里有幸运星，或者星盘很好。

69. 合十礼

"Namaste"来自两个斯里兰卡词,是"鞠躬"的意思,是传统的印度人见面打招呼的方式,双手合十放于胸前,微微鞠躬,同时说"Namaste",表达对对方的深深敬意。因为这个行礼没有肢体接触,所以就算双方地位不同、性别不同,都可以使用这个方式。

70. 生日快乐

应该在寿星生日那天的一大早就对寿星说"生日快乐",这会给你和寿星都带来好运。要在过生口的小寿星睡醒一睁开眼就对他们说"生日快乐",这能给过生日的孩子带来保护和好运。

说"生日快乐"的传统很古老了,据说最初说"生日快乐"是为了赶走因生口派对可能招来的妖精。据说妖精在变更的时期尤其危险,过生日的人面临被妖精迫害的危险加倍。

第4章 幸运水晶和宝石

人们喜欢水晶和宝石不仅是因为它们精美，还因为它们神秘的特性。实际上，很多学者都认为古代人最初是把宝石当成护身符戴的，而不是用来装扮自己。所有的水晶和宝石都有能量，有人相信这会给佩戴者带来好运。

使用幸运宝石的方法很多。你可以将宝石放在桌子上的小收纳盒里，每当你觉得自己需要帮助或好运时，可以把这些宝石拿在手里抚摸。你也可以选一颗宝石把它当成戒指、手链或项链戴，或者放在包里随身携带，在需要的时候拿出来摸摸它。

我喜欢把一颗宝石放在钱包里当成我的幸运符。我喜欢把它放在手里的感觉，摸着它让我意识到自己有多幸运。如果我碰巧没带，我发现想象自己在钱包里带了一颗也很有用。这颗想象出来的宝石同样可以为我带来保护、和谐，以及应对一切的能力。我也因此充满自信，没有压力，整天都很幸运。

如果你打算随身带一颗宝石或水晶作为你的幸运符，一定要选你认为最漂亮的那颗，把它放在包里，没事的时候就拿出来玩一下，每一次你这样做时，都要告诉自己你带了一颗幸运符，这会让你想到幸运，想到幸运机遇之门也会打开。

有一些幸运宝石更重要，而且有不同的幸运含义。

71．玛瑙

玛瑙是石英石的一种，颜色各异，有白色、灰色、橙色、蓝色、红色、黑色和条纹状。从巴比伦时代就被用作首饰了。据说可以带来力量和保护，给人应对一切的力量，因此被看成是幸运物。

72．亚历山大变色石

传说亚历山大变色石是以俄国亚历山大二世的王位继承人命名的，因为这是在他21岁生日（1839年4月29日）那天发现的。亚历山大变色石在日光下看是绿色的，在人造光下看是浅红色的。据说戴亚历山大变色石可以带来好运和爱情。

73. 天河石

天河石是主要出产于俄罗斯的半透明蓝绿色水晶，这种水晶帮你制定有意义的目标，并助你一臂之力。

74. 紫水晶

紫水晶顾名思义是紫色的，在古希腊被用来治醉酒。紫水晶很有魔力，可以缓解头痛，改善睡眠，提高人的灵性、智慧和直觉，紫水晶可以提高你各方面的运气。

75. 海蓝宝石

海蓝宝石为蓝绿色，可以消除压力和忧虑，让人获得心灵的平静、幸福和勇气。世界上很多地方都产海蓝宝石，但是最优质的海蓝宝石产地是巴西。

76. 砂金石

砂金石是种石英岩，发现的有黄色、绿色、蓝色和红色几种颜色，砂金石是幸运之石，能让情绪平静，对身体也有稳定作用，因此也是赌徒的宠爱之物。

77. 红玉髓

红玉髓是稍微带点红色的棕色宝石，产于印度和南美洲，可以提供能量，红玉髓被认为是体育运动员的幸运物，还可以给人带来内在的力量和幽默感。拿破仑就在表链上穿了个红玉髓当成他的护身符。

78. 猫眼石

猫眼石是种宝石，当被剖开成凸形时里面有呈猫眼状的明亮条纹。猫眼石可以帮你接纳和理解他人，带来深刻的见解、保护和好运，同时增强人的毅力、决心和雄心壮志。

79. 黄水晶

黄水晶也属于石英石，呈黄色、橙色或金色，能启迪心灵，为生意人带来好运，应放在收款机或放钱地方的旁边。在从事金融交易时可随身携带以增强财运。因为黄水晶吸财的特性，黄水晶又被称为"商人石"或"财石"。

80. 钻石

钻石由碳分子构成，透明状，是世界上最坚硬的物质。钻石被称为"宝石之王"，一直被看成爱的信物。钻石对生意人有帮助，因为在钱财交易中能招来好运。这也可以解释为什么很多成功的商人喜欢戴钻戒和钻饰。

81. 祖母绿

祖母绿是明亮的绿宝石，是献给女神维纳斯的，所以总是和爱情联系在一起，通常赠予恋人，以维持长长久久、甜甜蜜蜜的爱情。祖母绿也可抚慰狂乱的心灵，带来成功。

82. 石榴石

石榴石有多种颜色，但主要是红色，可以为生意人和追求自己事业的人带来好运。如果你的事业没有你预想的顺利，不妨在桌子的抽屉里放几枚石榴石。石榴石还可提升自信。

83. 赭石

赭石是矿石，成分是氧化铁，通常呈灰色，但是也可呈黑色、棕色或红棕色，有时被称为"流血石"，因为当和受测表面摩擦时，会有红色条纹出现。赭石能带来勇气和动力，可以使人理解他人的动机和行为。如果你需要增强人际关系或婚姻方面的运气，赭石是最佳选择。

84. 翡翠

关于翡翠能带来好运存在争议，但是新西兰的毛利人特别钟情于绿翡翠，相信绿翡翠能带来好运。做工精美的翡翠饰物代代相传，或者变成了随葬品。

在印度，只有皇家才能佩戴翡翠，因为他们认为翡翠威力很大。敢私藏翡翠的老百姓会被处以死刑。

在中国，佩戴翡翠有4000多年的历史了，一般认为佩戴翡翠可以得到保护，招来好运。翡翠象征永恒和尊贵。以前会给婴儿戴翡翠镯子来辟邪。如果翡翠镯子一直完好无损，这个小家伙就会一直好运不断。翡翠蝴蝶象征桃花运，所以，刚订婚的男子一般会送给他的未婚妻一个翡翠蝴蝶。

85. 红碧玉

红碧玉是一种玉髓，颜色通常为红色、黄色、棕色和绿色。红碧玉能消除压力和忧虑，给佩戴者强大的保护，并带来勇气、独立和安全感，改善睡眠。是在公众面前表演的人的幸运石。

86. 磁石

磁铁或磁石是一种有磁力的铁矿石。它被当成幸运石至少有四千年的历史了。老普林尼曾写到磁石是由一位叫曼尼的希腊牧羊人发现的，曼尼发现磁石被吸到了他鞋子的鞋钉上。亚历山大大帝将磁石当成幸运符发放给他的士兵。

因为吸铁，磁石也就和爱情联系在了一起，被认为可以促进恋人之间的感情，人们佩戴磁石来吸引爱情。在中国，磁石就是爱情石。

男性佩戴或携带磁石可以增强他们的力量、勇气、男性气概以及好运，女性则不宜佩戴。

87．孔雀石

孔雀石是一种铜矿石，里面有浅绿色和深绿色条纹。六千年前，古埃及人就开采孔雀石，将它们制成护身符和幸运符，古埃及人认为孔雀石可以保护小孩，所以一般都是系在摇篮上来保护熟睡的婴儿。

在中世纪，人们佩戴孔雀石来寻求保护，认为孔雀石在遇到第一个危险信号时会碎裂，这样人们就有足够的时间脱险，或者面对危险。孔雀石又被称为"销售员之石"，据说能给销售员带来自信、保护、客户敏感性以及出色的销售才能，所以很多销售员都佩戴孔雀石来吸引好运。

当今时代，孔雀石是常见的幸运符。

88．月光石

在印度月光石被认为是圣洁的，能给佩戴它的人带来好运。也是情侣之间的信物，因为它能激发激情，会让情侣考虑他们的未来。

从罗马时代开始，月光石就和月运周期联系在了一起，是女性爱戴的护身符和幸运符。

那句"当月光变蓝时"的说法就来自月光石。在印度，人们相信每隔21年太阳和月亮呈特殊相位，每当这个时刻来临，就可以在沙滩上发现月光石。月光石永远是寻求好运人的最爱。

89. 石英石

石英石是最常见的矿石，在埃及卢克索神庙发现的大型石英石水晶说明人类使用石英石已经有8000年的历史了。在古代希腊人们祈祷时戴块石英石是惯例，相信这样祈祷会得到回应。质地透明的石英石可以带来活力，粉晶呈淡粉色，据说可以带来忠诚、爱情和生殖力。透明石英石和粉晶是最常见的用来招好运的石英石。

90. 茶晶

茶晶是一种二氧化硅，颜色从棕色到黑色不等，它烟灰色的外形是由游离硅造成的。茶晶据说可以使人脚踏大地，激发创造力，带来幸福和积极的生活态度，给人力量、毅力和坚强的意志，对运动员来说这是激发昂扬斗志的幸运石。

91. 红宝石

在印度，红宝石具有传奇色彩。一般佛像的眉间都会镶嵌一颗小小的红宝石，象征佛祖的转世。早期的基督徒认为红宝石最有价值，上帝命令摩西之兄亚伦将红宝石戴在脖子上，在亚伦护胸甲上镶嵌的宝石中也有一颗红宝石。

红宝石历来被看成幸福之石，实际上，你拥有的红宝石越多，你就越幸福，也更幸运。

92. 方钠石

方钠石是一种产于格陵兰岛和加拿大北部的品蓝宝石，里面含有白色的方解石。方钠石据说可以平静心灵，消除忧虑，带来内心的安详，是作家和从事沟通职业人的幸运石。

93. 虎眼石

虎眼石能带来自信，所以有时被称为"独立之石"，在有些地方可以用来避开邪恶之眼，当然，在大部分地方，还是被当作幸运石。虎眼石据说对企业家和有雄心壮志的人尤其有帮助。

94. 电气石

电气石见于世界上的大部分地区，有时被称为"彩虹宝石"，因为彩虹所有的颜色它都有，甚至在从自然光转到人造光的情况下颜色都可以发生变化。有的电气石含有两种颜色，所以它能带来双倍的好运。

黑色的电气石能驱走消极因素，带来幸福和幸运；绿色的电气石能带来成功，粉色电气石招来爱情和友谊。

95. 绿松石

绿松石是世界上最常见的护身符，几千年来一直带给人们好运，也是情侣之间的幸运石。据说如果爱意消减，绿松石会失色；如果运气或健康变坏，绿松石也会失色。如果这样的情况发生了，破解方法是用一颗更鲜亮的绿松石取代原来的那颗。

在阿拉伯国家，很多马身上都会戴上绿松石护身符以此来保护马和骑马的人，这种做法可能起源于古代波斯，因为他们认为马在天空中拉着太阳奔跑，而绿松石会提醒人们天空的存在。绿松石在土耳其被称为"Fayruz"，意思是"幸福的宝石"或"幸运石"。

在中东，绿松石被认为能避开邪恶之眼，在西藏，绿松石据说能保护佛像。

绿松石能带来爱情、幸福和富足，难怪被称为"幸运石"。

96. 诞生石

根据公元 1 世纪犹太历史学家弗拉维奥·约瑟夫斯的著作《犹太古史》，一年十二个月中的每一个月都有自己的幸运石，他将亚伦护胸甲中的十二颗宝石和十二个月一一对应。但是佩戴属于自己出生月份的宝石这一做法是在 18 世纪的波兰兴起的。据说戴诞生石可以带来好运。每月的诞生石也随着时间的变化而变化。目前的标准版本已和亚伦的护胸甲上的宝石无关了。

下面是美国珠宝业理事会于 1952 年公布的诞生石列表。

一月——石榴石，象征永恒。

二月——紫水晶，象征真诚。

三月——海蓝宝石，象征先见；或血玉髓，象征勇气。

四月——钻石，象征天真。

五月——祖母绿，象征爱情的甜蜜。

六月——珍珠，象征纯洁；或月光石，象征激情；或亚历山大石，象征运气。

七月——红宝石，象征纯洁。

八月——橄榄石，象征美；缠丝玛瑙，象征美满的婚姻。

九月——蓝宝石，象征爱。

十月——猫眼石，象征希望；粉色碧玺，象征爱。

十一月——黄晶，象征忠诚；黄水晶，象征敏锐的思维。

十二月——绿松石,象征飞黄腾达;或风信子石,象征成功。

英国金匠协会公布的诞生石列表和上述列表差不多,只是没有将六月的亚历山大石、十月的粉色碧玺和十二月的风信子石包括在内,但是添加了两种上述列表中没有的宝石:四月的白水晶和九月的青金石。

第 5 章 幸运符

在整个人类史上，人们都携带幸运符和护身符用来趋吉避凶。幸运符非同一般的威力实在是个饶有趣味的话题。

几年前，当时我的外孙女艾娃才七岁大，每次她离开家时都会惶恐不安，我女儿给她做了一个心形的填充幸运符，让她每次缺乏安全感时就抱着这个填充幸运符。这个幸运符两英寸长，是我外孙女最喜欢的颜色。我女儿告诉艾娃每当她抱着或拿着这个幸运符时，就想到全家人都爱她。这个小小幸运符发挥了大作用，因为几周后艾娃的离家焦虑症就全都不见了。

艾娃在她四岁时送给我一个幸运橡子，我把它放在电脑旁，每当我思路枯竭时就拿起这个橡子，想想艾娃给我时的情形。放下橡子，我又可以开始写作了。

我真的以为这个小橡子这么神奇能给我带来好运？未必，是因为橡子勾起了我的幸福回忆，让我觉得很开心。我觉得精神焕发，非常幸运。

很多运动队都有吉祥物，因为据说吉祥物能给他们带来好运。"吉祥物"这个词起源于法语单词"masco",是"女巫"的意思,女巫可以驱走恶魔以及其他的负能量。任何事情都可以是吉祥物。实际上,吉祥物是给团体而不是个人带来好运的幸运符。

幸运符有用,是因为携带者的信念起作用。虽然幸运符可能会带来好运,但是携带者的思想和行动同样会创造好运。他们下意识地认为忧虑和不确定性会带来不好的事情和失望,而自信和正向思维则是成功的风向标。

幸运符帮助人们对生活持积极乐观的态度,让他们变得更幸运。

虽然有人认为幸运符只是迷信而已,但是科隆大学最近的一项研究发现幸运符可以提高人们的记忆力、表现和自信。

几乎什么都可以被当作幸运符。我的一位朋友总是在口袋里装一枚幸运币,虽然他对我说他口袋里的硬币都是幸运币,但是我知道他拿幸运币这事很当真。当我随身带一枚幸运币时,我喜欢选择我从国外带回来的硬币,而不是本国硬币。当然本国硬币也可以,尤其是你可以找到一枚带有你出生年份的硬币,最好是将幸运币和其他零钱分开。有空时,不妨拿出幸运币,放在手上玩弄一下,提醒自己很幸运。

97. 橡子

在挪威神话中，橡树被认为是神圣之树。古老的德鲁伊教徒认为戴橡子可以招来好运，因为一枚小橡子可以长成参天大树，象征活力、力量、长寿和幸运。

98. 古埃及T形十字架

在古埃及，十字架象征生命，挂在椭圆形链子的顶部。法老的画像就经常戴一个T形十字架，据说它能带来保护和好运。

大部分人都将T形十字架挂在项链上。如果你也戴一个T形十字架，想到它就摸摸它，告诉自己很幸运。

99. 獾牙

19世纪，赌徒喜欢将獾牙缝在马甲的右边口袋里，相信獾牙能在他们打牌时给他们带来好运。我本以为缝獾牙这种做法已经过时了，但是几个月前竟然在凤凰城的赌场大厅看到有人把玩獾牙。

100. 蜜蜂

古巴比伦人、古埃及人和古希腊人都认为蜜蜂是神圣的,象征好运。如果蜜蜂飞进你家又飞走了,这是好运即将来临的好兆头。如果蜜蜂飞进你家不愿飞走,说明要来客人了。但是如果蜜蜂在你家死掉了,则不吉利。戴一个蜜蜂形幸运符可以让你更受大家的喜爱,同时还能给你带来好运。

101. 鸟

鸟形幸运符能增强你的能量、幸福感和好运。鸟一直被认为是天地间的信使,所以鸟形幸运符也能提高你的沟通技巧。

102. 蓝色

蓝色一直被认为是幸运色。这是因为过去人们认为天堂位于天空中,而天空是蓝色的,所以蓝色一定就是上帝最喜欢的颜色了。结果甚至到了今天,也有人戴蓝色的珠子,相信蓝色可以带来好运,驱走厄运。有一句老话:"摸摸蓝色,愿望成真。"

穿戴蓝色的东西招好运的传统有150年的历史了。传统上新郎会穿戴蓝色的东西，到了19世纪男性穿蓝色长筒袜，女性戴蓝色珠子，孩子在脖子上系蓝色丝带，这都是为了吸引好运。如果你想要好运，那就穿戴蓝色的东西吧。看到自己的蓝色的穿戴就告诉自己有多幸运。

103. 七叶树栗

七叶树栗或马栗是棕色的很漂亮的摸起来丝绸般光滑的坚果，一般一面是平的，一面呈圆形，平的一面有个圆形的看起来像雄鹿眼睛的图案。

在世界上很多地方，人们都携带一个七叶树栗当成幸运符。在我还是个小孩子的时候，每天走路去学校，都会经过一棵七叶树。当七叶树的果子开始掉落时，我在学校尤其幸运。人人都想捡一颗果实，因为大家都喜欢将果子握在手里的感觉。这肯定也是不起眼的七叶树栗能成为幸运符的一个原因。

因为我一辈子都和七叶树果子结缘，所以它成了我最喜欢的幸运符。和其他栗子不同，七叶树栗是不能食用的。

104. 蝴蝶

蝴蝶会增加一个人的生活乐趣和好运。蝴蝶通常象征自由、健康和幸福。如果白色的蝴蝶落在你身上或者你身旁,这是好事。

105. 纽扣

偶然发现的纽扣据说代表特别走运,如果是朋友把纽扣当成礼物送给你也是一种运气,因为这象征一辈子的友谊。亮晶晶的纽扣会吸引新朋友。一颗纽扣,尤其是别人送你的,是绝佳的幸运符。满罐子的纽扣功能等同,每当你需要好运时就摇摇纽扣罐吧。我的祖母有一个放满纽扣的锡罐,我哥哥、我姐姐还有我等小孩子都喜欢摇这个罐子希望能摇来好运。有人用别人送的纽扣穿成手链戴。这样的手链不仅能够给戴的人带来好运,还能维系佩戴者和送纽扣人之间的友谊。

当你穿衣时要系对纽扣,系错纽扣不吉利,你要完全脱下这件衣服,并重新穿上。

106. 宝石浮雕

宝石浮雕是圆形浮雕，通常为一个平面上有一个头，或一个场景。宝石浮雕的材料一般是质地坚硬的石头，比如缟玛瑙，浮雕突出的内容和背景用色不同。拥有并爱宝石浮雕七年后这个宝石浮雕才能成为幸运符，一般都会成为传家宝，代代相传，只要浮雕完好无损，就能给每一代人带来好运。

107. 猫

猫一直被认为既有灵性又邪恶。在古埃及人看来，猫是神圣的，杀死猫是死罪一条。挪威掌管婚姻的女神弗雷娅乘坐的就是猫拉的车。基督徒在清除异教徒时就谴责弗雷娅是女巫，给弗雷娅拉车的猫也受牵连，此后人们认为猫是撒旦的帮凶，甚至直至今日，女巫的形象都是一位老太太抱着一只黑猫。参加十字军东征的士兵从战场上回来意外地带回了黑鼠，导致大鼠疫的爆发，这场鼠疫吞噬了几百万人的生命，这时人们才重新需要猫，猫的形象才因此得以扭转。

因为猫敏感、冷漠，喜欢夜间外出，人们就以为猫能通灵。猫形护身符可以提高人们的心理潜能，吸引好运，彩色的猫形护身符据说尤其会带来好运。

在日本，店主喜欢放一个瓷的招财猫吸引顾客。招财猫的一只手来回摇摆，看起来像是在摆手，其实它是在招财。不只在日本，世界上很多亚洲餐馆和商店都喜欢放一个招财猫。

108. 栗子

栗子几千年来都是好运的象征，可能是因为栗子好拿，但更可能因为栗子有早生贵子的寓意。按中国皇历，栗子对应的是秋天和西方。

109. 煤

在古代，只要是从事危险行业的人们，不管是士兵、水手还是小偷，都会随身带一小块煤来祈求好运。如果是从烟囱扫下来的煤灰则尤其好。可以把煤放在口袋里。如果你碰巧看到一块煤，不用捡起来，而是对它吐口唾沫，然后从你左肩扔出，这样就可以招到好运了，不要回头看它落在哪儿了。

新年从外面带回家一块煤可以为全家在来年招到好运和财运，这应该是你起床后做的第一件事，而且要把煤从家里的大门带进来。

剧院有个说法，如果是新剧院的话，从舞台上往顶层楼座扔一块煤，可以让这家新剧院开业大吉。

110. 硬币

幸运币可以追溯到古希腊时代，古希腊人将硬币抛进井里以确保井水长流，时至今天，人们依然往喷泉、河或井里抛硬币以求好运。很多人喜欢随身携带一枚幸运币以招好运。最好的幸运币是硬币上有你的出生日期。闰年的硬币据说好运加倍。新年的第一枚硬币据说也是幸运币，不能花掉它，而是要将它保存整整一年。

有的人喜欢在钱包里装几枚硬币来招财。

如果你口袋里碰巧有三个同一年份的硬币，这是很快就要发笔财的兆头。

见到硬币就已经很幸运了，但如果硬币是正面朝上则会更幸运。

在厨房里放一枚闰年的硬币也会招好运。

一枚弯了的硬币是最好的。但是你自己不能将硬币弄弯。要想好运，你需要找到一枚弯了的硬币。

古代有个传统，如果你口袋里有个银币，你应该在月圆或新月之时翻一下银币，许个愿，然后这个愿望就可以实现了。如果娥眉月（新月朝左时）时你碰巧在外面，把你口袋里的所有硬币都翻一遍，接下来的一个月你将会行财运。需要提醒的是，翻硬币时不能将硬币从口袋里拿出来。

你可以将你的幸运币当成吊坠，或者放在口袋或钱包里。要小心保管，因为如果你的幸运币丢了，你也会丢失一部分好运。

不论你在哪儿看到一枚硬币，不论面值多小都应该捡起来。因为看到钱捡起来总是好事。

如果新衣服有口袋，你想在里面放个新东西，那就放一枚硬币吧，这样每次穿着它时都会有好运。

111．富饶之角

富饶之角，又称山羊之角，是装满鲜花、水果和谷物的羊角状物。富饶之角最早出现在希腊神话中，宙斯不小心弄断了哺乳他的山羊的羊角，宙斯把这个山羊角送给了他的保姆，结果这个山羊角带来了无穷无尽的食物。从此以后，富饶之角就成为富足和好运的象征。如果你戴一个富饶之角形状的幸运符，你的所需之物总是很充足。

112. 蟋蟀

几千年来，人们一直认为蟋蟀是幸运物。蟋蟀"吱吱"的叫声既是一种陪伴，也是一种警报。一有不好的动静蟋蟀立刻就不叫了。杀死蟋蟀是厄运的征兆。在古时候，蟋蟀状的护身符可以驱走邪恶之眼。在中国，人们把蟋蟀养在罐子里，因为蟋蟀象征夏天、勇敢、幸福和好运。现在，蟋蟀状的护身符则用来招好运和幸福。

113. 雏菊和蒲公英

雏菊和蒲公英历来是爱情和浪漫的象征。大家是不是都有一边揪雏菊花瓣一边说"他爱我，他不爱我"的经历？最后一片花瓣是答案。或者说一句"他爱我"或"不爱我"，吹一口毛茸茸的蒲公英。还有就是许个愿，闭上眼，然后使劲吹蒲公英，如果一口气吹光了蒲公英，就表示愿望可成真。

戴一个雏菊或蒲公英状幸运符可以为你带来好运，并将你的白马王子吸引到你身边。

114. 达摩不倒翁

达摩不倒翁在日本是最受喜爱的幸运符。达摩祖师是16世纪的禅师，他打坐的时间太久，以至于他的胳膊和腿都动不了了，所以达摩不倒翁就是鸡蛋的形状，拨一下不倒翁，它很快又直起来了，这象征持之以恒、最终的胜利和好运。你买达摩不倒翁时，它的两只眼睛都是白色的。你需要自己给不倒翁的眼睛上色，一边上色一边许愿，这样就能激活不倒翁，只给一只眼睛上色，等愿望实现了，再给另一只眼睛上色许愿，如果第二个愿望也实现了，就买比原来大一点的不倒翁，再次重复上色许愿的过程。

商店和网上都有达摩不倒翁出售。很多年前我在日本时，有人告诉了我不倒翁，从那以后我用过好几个不倒翁了。我喜欢不倒翁让你许下一个具体的愿望。每次一看到不倒翁我就想到我设定的目标，当一个愿望实现，我可以画第二只眼睛时，这给我巨大的满足感。

115. 狗

狗被当成人类的好朋友至少有2000年的历史了。狗友好、忠诚、爱主人、不记仇,这些品质还有好运据说会被赋予戴狗形幸运符的人身上。狗形幸运符还有保护的作用。

116. 海豚

近年来,海豚幸运符大受欢迎。这也难怪,海豚友好、聪明、爱玩。在古希腊和伊特鲁里亚神话故事中,海豚总是帮助人类,救溺水的人,将灵魂带到极乐岛上。诗人阿里翁在落水时就被海豚救过。在希腊苏尼翁海岬的波塞冬神庙里就有一尊阿里翁骑着海豚的雕像。

海豚能成为幸运符是因为在古代水手喜欢海豚围着他们的船游来游去,这意味着陆地已不远了。海豚幸运符能带来好运和保护。

117. 鸡蛋

鸡蛋象征繁殖、纯洁、春天、完美以及圣灵感应说。在世界范围内,鸡蛋通常和创世神话连在一起。送给别人白色的蛋是送好运,送棕色的蛋更好,因为这会给别人带来好运和幸福。

蛋形幸运符一般是破壳而出的小鸡，有时是放在草上和树叶上的蛋。

118. 大象

大象象征智慧、力量、忠诚、富饶和长寿。象鼻神是印度教智慧和幸运之神，他的头就是象头。在20世纪早期，象形幸运符在欧洲和美国非常受欢迎。大象在幸运符中的形象一般都是抬起鼻子，因为这种样子的大象据说比其他大象更能带来好运。

119. 四叶草

几千年来四叶草都被人们当成幸运物。四叶草成为幸运物的起源不明，在古老的神话传说中，当亚当和夏娃被驱逐出伊甸园时，夏娃手里拿着一枚四叶草，用来提醒她一去不还的天堂生活。有一首古老的童谣将四叶草的每一片叶子都和生活的一个方面对应起来。

一片是美名，

一片是财富，
一片是佳人，
一片是健康，
四叶草全都有。

能找到一片四叶草很幸运，你应该把它放在两张吸墨纸中间阴干，放在手机袋里或小塑料袋里。只要你一直保存它，它就一直是你的强力幸运符。

120. 青蛙

在古埃及，青蛙的地位如此之重，以致它们死后埃及人要给它们填香料。老普林尼（23—79）在公元1世纪写道：青蛙幸运符可以吸引朋友和永恒的爱情。希腊人将青蛙和阿芙洛狄忒联系在一起，因为他们在爱情中都呱呱乱叫，结果青蛙成了丰饶的象征。在日本，青蛙是很受欢迎的幸运符，尤其受到出门旅行的人的喜爱，因为青蛙在日语中是"kaeru"，和"回家"是同一个词。很多日本人都将青蛙幸运符和钱放在一起，以防幸运符丢失。在中国，青蛙象征美满的家庭和幸福的家庭生活。

在美国，如果青蛙进了家门，这象征好运来临。在春天看到第一只青蛙时要许个愿。

青蛙幸运符能带来好运的说法至少有两千年的历史了。

121. 手

手象征权力和力量。手形幸运符能带来好运，因为它可以让你抓住属于你的东西。手掌可以推开任何不好的东西，从而给你带来保护。手形幸运符一般都是右手，因为一般认为右手是幸运手，右手也是上帝之手。左手一般被认为是邪恶之手，不幸之手。有的手形幸运符是食指和中指伸开，拇指和无名指、小指攥起来，这是祝福的手势。

122. 心

古埃及人认为心脏是灵魂和智慧的所在地，一旦灵魂离开心脏，身体就死了。很多人相信心脏会在最后的审判日称重，只有心脏完好无缺的人才能投胎转世。现在心形成了纯洁爱情的象征，恋人之间交换心形信物以寄托他们完美无瑕的爱情。除此之外，戴心形幸运符能带来保护和好运。

123. 冬青

在古罗马，冬青象征友谊，人们把冬青当成礼物互赠，渐渐地冬青就和爱情、婚姻联系在了一起。结果，单身人士戴一个冬青幸运符来找意中人就成了惯例。已婚人士也可以戴冬青幸运符，来确保他们婚姻幸福。在枕头底下放一个冬青幸运符据说可以解决婚姻问题。

冬青树据说是幸运树。因为冬青四季常青，古代德鲁伊教派成员认为冬青有特殊魔力，砍掉一棵冬青据说会招厄运。

124. 马

马形幸运符通常是白色或黑色的。白马可以招好运，黑马象征神秘和世故（马不常见于幸运符，但是据说碰巧遇到灰马会很幸运）。所有马形幸运符都象征力量和勇气。在东方，马象征幸福和事业成功，马也是十二属相之一。

125. 马蹄铁

马蹄铁成为幸运物的原因有很多，马一直都是吉祥动物，马蹄铁是铁做的，也是吉祥物，马蹄铁是 U 形的，象征保护。

马蹄铁可挂于门前，最好是挂在室外，因为这样据说可以为整个房子以及全家人带来好运。如果马蹄铁的齿是朝上放的，这象征装满了好运，如果齿是朝下放的，表示好运分散于全家。你可以买个马蹄铁挂于门前，但是如果能找到一个或别人送你一个，则会更幸运。如果你拿到马蹄铁时，它上面有钉子，不要将钉子取下来，因为每个钉子都代表一年的好运。尽可能地用马蹄铁自带的钉子。永远用奇数个钉子来固定，因为这样运气最强。

捡到一个马蹄铁是极其幸运的，遇到了就捡起来，将它钉在大门上。或者捡起来，朝它吐口唾沫，然后许个愿。做完后，要从左肩把它扔掉，扔掉后不能回头看马蹄铁落到哪儿了。遇到马蹄铁就把它捡起来，如果你径直走开，不会收获任何好运。

126. 克奇那玩偶

克奇那是美洲土著霍皮族人祖先的保护神。它们在冬至那天从地底下钻出来保护霍皮族人，一直到夏至再回到地下。克奇那玩偶象征这些先辈的保护神。克奇那玩偶有六种颜色，象征六个主要的方向：黄色象征北方，白色象征东方，红色象征南方，青色象征西方，黑色象征天空，灰色象征大地。

克奇那玩偶一般摆放在家里，也可当作孩子的玩具，因为据说克奇那玩偶成为家里的一部分后，玩偶代表的神灵就可以给全家带来好运。

127. 瓢虫

瓢虫幸运符一般用作胸针，可以带来成功和好运。看到一只瓢虫是好运的象征，如果落在身上就更好了。当瓢虫落在你身上时，数数它身上的点数，这意味着你会行几个月的好运。瓢虫想飞走时就让它飞走。如果你把它赶跑，它带来的好运也会被你赶跑。杀死瓢虫是厄运的象征。瓢虫（"Ladybug"或者"Ladybird"）这个叫法出现于中世纪时期，当时瓢虫是特别献给圣母玛利亚的，被称为"圣母的甲壳虫"（"Beetle of our lady"）。我小时候喜欢把瓢虫放在我的手指上，唱首童谣，朝它吹口气，然后它就飞走了。童谣的起源已不可知，它的文字记载最早见于 1744 年。

瓢虫，瓢虫，

逃跑了。
你的房子着火了，
你的孩子全跑了，
只有一个小安妮，
躲在锅底下，
一步一步往前爬。

最能解释这首童谣的是丰收过后烧蛇麻草的传统，烧蛇麻草来清理田地，很多瓢虫也因此被烧死了。

128. 树叶

树叶象征健康和充沛的精力，因为这个缘故，尤其是在冬天，人们喜欢戴树叶形幸运符以求不感冒，没有其他小毛病。

129. 小精灵

头戴红帽子或绿帽子，挥舞斧子，长得像小精灵的鞋匠幸运符在爱尔兰尤其受欢迎，在世界上很多地方也被当成幸运手链。传说中，小精灵是小人儿，喜欢把他们的财宝藏在彩虹尽头的罐子里，见到谁就把财宝分给谁，但是这也不是容易的事，因为小精灵狡猾、诡计多端，喜欢对人搞恶作剧。

尽管爱尔兰人多年来灾难重重，但是他们总是将自己和好运联系在一起，"爱尔兰人的好运"就说明了这一点。

130．蜥蜴

蜥蜴幸运符一般是用作戒指，当然也可以用作胸针和吊坠，可以吸引好运，改善视力，这是因为很多蜥蜴都是翠绿色，象征据说可以提高视力的宝石。

孕妇看到蜥蜴是好兆头，这意味着肚里的宝宝将来长寿、幸福，多子多福。

131．曼陀罗

曼陀罗是曼德拉草的根部，萝卜状，分叉，看起来像个小人。因为这个原因，几千年来曼陀罗都被当作催情剂。《圣经》中也提到过曼陀罗（《创世记》30：14，《所罗门之歌》7：13）。在中世纪曼陀罗被当成幸运符，给人们带来生育、幸福和富足。有的人脖子上戴一整只曼陀罗，但是更常见的做法是将曼陀罗雕成小人状,当成幸运符戴。如果你也想拿曼陀罗做实验的话,现在不必自己雕刻一个小人了,礼品店和网上都有金属或瓷的曼陀罗幸运符出售。

132. 槲寄生

在槲寄生下亲吻的美丽传统起源于斯堪的纳维亚。仇敌之间想要化解分歧,得在槲寄生下见面,交换和平之吻。很快人们就意识到任何两个人都可以在槲寄生下亲吻,于是就开始了这个甜蜜的传统。用槲寄生幸运符招爱情和浪漫也就不足为奇了,还能确保爱情长长久久。

德鲁伊教徒崇拜槲寄生,如果槲寄生长在橡树上就更神圣。在圣诞节时将槲寄生挂在家里最忙碌的地方可以招好运。每一次在槲寄生下亲吻,都可以增加家里的财富、好运和幸福。槲寄生只有挂在家里才能为家里招来好运。不管在什么地方,只要在槲寄生下亲吻都能为亲吻的人带来好运。

133. 钉子

外出时看到一颗钉子是吉兆,钉子上的锈越多,越幸运，铁锈能增加好运，要好运降临，需要把钉子带回家。

外出时你可以随身带着这颗钉子当作护身符，或者把这颗钉子钉在你家后门上来保护你全家，要用锤子敲四下这颗钉子。敲第一下时，大声说："一次是好运。"第二下说："一次是财富。"第三下说："一次是爱情。"第四下说："一次是钱财。"

134．猫头鹰

猫头鹰一闪一闪的大眼睛总让人认为猫头鹰很聪明，所以，猫头鹰象征智慧、知识和常识。人们戴猫头鹰幸运符来吸引这些品质，也有人将猫头鹰幸运符放在钱包旁，因为他们相信猫头鹰能招财。

如果你很幸运地见到了一片猫头鹰的羽毛，要将之当成幸运符保存起来，因为这可以使你免遭嫉妒并避免其他不好的事情。

135．Parik-til

"Parik-til"是祝福包，类似于美国印第安人的药包。将Parik-til当成幸运符是罗马尼人的传统，携带Pariktil的目的也不同，只要一个拉绳背包就可以了。什么物件都可以往包里放，只要物件和你的目标相关即可。如果你用Parik-til招好运，只要往绿色的抽绳背包里面放橡子、你发现的石头、一小块金子、祈求好运的一句话、一个马蹄幸运符、一枚硬币就可以了。金子可以是金币，或者首饰上的一小块碎片，也可以往小袋子里喷几滴你喜欢的香水。

将小袋子和袋子里的物件放在阳光下至少两小时，然后将物件放在袋子里，如果你喜欢也可以喷香水，然后就可以将小袋子当成你的幸运符随身携带了。每天至少看一次你的袋子，告诉它你需要更多的好运。要想好运不断，你需要一直这样做，就算你的需求已经得到了满足。

136. 珍珠

人们重视珍珠已经有几千年的历史了。在古罗马，一定地位之下的人不准予携带或戴珍珠。在印度的Navratna，珍珠是九种宝石之一，是最受印度人喜欢的幸运符。珍珠能带来尊重、善良、同情和爱。一颗珍珠据说可以唤醒和激发你的身体，平静心灵。带上珍珠可以安享幸福、和谐的生活。

关于珍珠有很多迷信的说法，主要的说法是珍珠是牡蛎的眼泪。如果有人赠你珍珠的话，你应该付点钱，哪怕只是一分钱，这样你才不会流泪。如果你不这样做的话，则会流很多眼泪。有的新娘在婚礼当天不愿意戴珍珠，因为这样她们的婚姻生活会以悲伤开始。但是送小孩一颗珍珠则象征好运，因为这是祝愿小孩长寿。

137. 五芒星

五芒星是五角的星，中间一个圆，戴时通常是一个角朝上，传统说法这样能接通正能量，但是如果两只角朝上则被认为是巫术或邪恶的。五芒星有很多象征意义，它的五个角象征五种感觉，也可以代表一个人，五个角分别对应人的头、两只胳膊和两条腿。达·芬奇的名画《维特鲁威人》画的是人体的结构，一个裸体人在一个圆中伸展开胳膊和腿，就可以说明五芒星的这个象征意义。圆象征女性和保护，这幅图象征男性和女性的和谐共存。所以，五芒星里有个圆。

五芒星可以追溯到四千年前的古美索不达米亚，可能当时是象征金星的运行，也可能是所罗门封印上的一个图案，当然有学者认为所罗门封印上的图案是六芒星。古代的毕达哥拉斯学派认为五芒星是健康和谐的象征，象征天与地的结合，因为五芒星结合了数字2（大地和女性）和数字3（天与男性）。早期的基督徒将五芒星的五个角和基督身上的五处伤联系在一起。

五芒星幸运符可以招来友谊、和谐、好运和幸福的婚姻，是所有幸运符中威力最大的幸运符之一。

138. 凤凰

凤凰象征重生。在古希腊的传说中，神秘的凤凰活了几百年后才筑巢，然后扇动羽翼将巢点燃。凤凰化为灰烬，然后重生。

对于想要重新开始的人来说，凤凰是个有用的幸运符。很多年前，我认识一个人，他的事业在走下坡路，当他重整旗鼓时，把他的生意命名为凤凰建筑，在名片上和信纸抬头上都印了一只凤凰，在他的西装上还戴了一枚凤凰的胸针。他没有明说，是凤凰帮他开启了他的第二次事业。

139. 猪

幸运手链上常见银质的小猪，这是因为拥有一只猪可以确保家族在过去几个世纪的存在和发展。这也说明为什么存钱罐多是小猪形的,小猪的形象不仅可以保住存钱罐里的钱,还可以招来更多的财。

德语里的猪是"Schwein",而"Schwein haben"(字面上是"有一只猪"的意思)就是"幸运"的意思。在中国文化里,猪代表勇敢、诚实和勤劳。

因为猪总是和繁荣联系在一起,猪的幸运符就用来招财和好运。

140. 兔子脚

兔子脚,尤其是左后脚可以带来保护和好运。兔子的后脚比前脚先着地,这种现象很不寻常,所以兔子的后脚被认为有魔力。此外,兔子的繁殖能力很强,在过去几百年间,农民都希望有大家庭来种地。最后,兔子生下来眼睛就是睁开的,这给了它们控制邪恶之眼的魔力。难怪兔子脚被认为是好运的象征。

在我还是个孩子的时候,我们总是在每月的月初说"白兔子",据说这样整个月都能有好运。"白兔子"一定要在说其他话之前说,有的人说三遍,有的人只是说"兔子"。现在兔子脚幸运符依然很受大家的喜爱。

141. 玫瑰

几千年来玫瑰一直代表完美无瑕。白玫瑰代表纯洁和贞操，红玫瑰象征爱情和激情。罗马皇帝戴玫瑰花环象征王冠。在玫瑰节那天，人们将玫瑰花瓣撒在墓上。有人喜欢在狂欢时戴一个玫瑰花环，因为他们相信花环不会让他们喝醉说胡话。几百年后，人们在会议桌上方挂玫瑰或者画的玫瑰花图案，以示桌上所说的一切不会公开，这也是"sub rosa"（秘密的）的出处。基督徒将红玫瑰的刺和基督受的罪，以及他对人类的爱联系在一起。

红玫瑰象征忠诚，并能推动恋情。白玫瑰象征思想和言行的纯洁。

142. 圣克里斯托弗像章

圣克里斯托弗像章是最受喜爱的幸运符之一。圣克里斯托弗是旅行者的守护神，当人们出门远行时喜欢戴圣克里斯托弗像章。我认识很多人，他们喜欢在车里放一个圣克里斯托弗像章，因为像章会带给他们保护和好运。

圣克里斯托弗是公元3世纪的基督殉道者。传说中他住在河边帮行人过河。一天，他背着一个小孩过河，这个小孩变得越来越沉，克里斯托弗几乎无法将小孩背到河对岸，他将情况告诉了小孩，小孩说他背了整个世界，整个世界的罪都被他扛在肩上。他背着小孩过了死亡之河，那个小孩就是基督。

克里斯托弗的名字来自拉丁语"christophorus"，是"背基督之人"的意思。圣克里斯托弗像章就是圣徒背一个小孩的图案。

143. 金龟子

古埃及人注意到金龟子用它们的后腿将粪团运回它们在地下的家中，当作食物用。但是它们看不清路，所以金龟子经常走弯路，这让古埃及人想到了太阳在空中的轨迹。金龟子的卵产在粪团中，然后孵化，象征新生。因为这个缘故，金龟子成为埃及最有名的幸运符之一。实际上，两千年来，埃及人制造了几十万个金龟子幸运符。

金龟子幸运符象征新生、重生、健康和男性气概。

144. 贝壳

贝壳被当成幸运符的历史也有几千年了，因为当你把贝壳放在耳边时，能听到海浪撞击海岸的声音，人们认为这将陆地上的人和大海上的人连在了一起。结果，贝壳就成了水手和渔夫的幸运符，保护他们平安回来。

145. 船

古埃及人认为船在晚上在地狱运太阳。早期的基督徒在过河时，用船形幸运符寻求保护，他们还认为船形幸运符能带信徒穿过生命之河，到达"应许之地"。

不论戴船形幸运符的人发生了什么事，船形幸运符总能带来安全。

146. 蛇

蛇象征重生，因为蛇蜕皮，蜕皮后的蛇看起来就像一条新蛇。在希腊和罗马时代，蛇象征生命力和健康。这种象征至今仍可在医神之蛇杖，即在阿斯克勒庇俄斯之杖上可见，通常是杖上缠绕着一条蛇。早期的基督徒不喜欢蛇，是因为蛇在伊甸园引诱夏娃吃了禁果。

蛇形幸运符可以保护你免于敌人或密谋反对你的人的迫害，还可以带来智慧、洞察力和长寿。

147. 蜘蛛

见到蜘蛛是好事。在英国，如果有蜘蛛爬到衣服上，意味着钱来了。杀死蜘蛛会带来厄运。

据说蜘蛛能带来好运和保护，还能帮助制定决策，尤其是关于金钱方面的。

有一种古老的说法，如果你在蜘蛛网里看到了你名字的首字母，会好运一辈子。

148. 星星

有一种古老的信仰认为人人都有一颗指引之星，在我们出生时出现在天空中，在我们咽气时消失。拿破仑和希特勒都相信他们有"命运之星"。

出生时"吉星高照"的人一辈子都会好运不断。

戴一颗星形幸运符能给你带来命里有吉星的人才有的运气。

149. 乌龟

新石器时代的埃及就有龟形护身符了，也就是说龟形护身符已有9000年的历史了，龟形护身符因而成了最古老的神秘物之一。

乌龟幸运符能给人带来耐心、稳定、长寿和好运。

150. 十二星座的幸运花

十二星座有各自对应的幸运花。你可以摆设甚至戴上属于你星座的幸运花来吸引好运，有些还可以做成胸针或幸运符，你还可以在你钱包里放一张你星座幸运花的小图片。每当你看到图片就可以提醒自己很幸运。

白羊座：银莲花、水仙花、山楂花、金银花和金莲花。

金牛座：樱桃花、勿忘我和红玫瑰。

双子座：榛树花、鸢尾花、薰衣草和虎耳草。

巨蟹座：三叶草、雏菊、阴地蕨和白罂粟花。

狮子座：万寿菊、牡丹和向日葵。

处女座：薰衣草和铃兰。

天秤座：黑种草、紫罗兰和白玫瑰。

天蝎座：菊花、勿忘我和兰花。

射手座：康乃馨、常春藤和丁香花。

摩羯座：常青藤、茉莉花、圣诞玫瑰和雪花莲。

水瓶座：苋菜、含羞草、藏红花和雪花莲。

双鱼座：康乃馨、栀子花、山羊胡子、黑种草和香堇。

第三部分
幸运分类

我们都想和爱人长长久久在一起，和谐融洽，过着幸福美满的生活。好运可以实现这一切，这一部分讨论在这些领域给生活增运的各种方法。

第6章 爱情和家庭

我和我太太已结婚四十多年，婚姻幸福。我们的朋友有的也结婚多年，有的结过又离过几次，也有朋友单身在寻找伴侣。人们对爱情和婚姻提出的建议比生活中的其他任何方面都多，这不足为奇。

我和我太太认识一位希望自己能遇到合适的女孩子并与之结婚的中年男子。但是这位男子却毫无作为。他在家办公，除了采购日常用品外从不出家门。他有一次在交友网站贴了他的信息，但是从不查看关注他的人。他这样能遇到女性的可能性几乎为零。运气包括正确的时间和正确的地点。他在家谁也遇不到。但是如果他多去一些地方，他的运气会提高很多。去了其他地方，他早晚会遇到女性，如果他遇到的女性足够多，说不定就会找到他的意中人。以下是几种增加在恋爱和婚姻方面的好运气的方法。如果你想在恋爱和婚姻方面的运气大增，一定要积极，告诉自己你要找的那个人正在等你找到他（她）呢。好好运用本章的技巧吧。

151. 尽可能地多吻

布巴·尼克尔森博士在他的《论爱情》一书中写道,接吻是个非常有效的尝到和闻到人们皮肤中信息素的方法。信息素可以使人从潜意识层面评估和别人的合拍度。所以,如果你想收获在爱情方面的幸运,在遇到对的人之前尽可能多地去吻吧。

152. 变得可爱

如果你想被人爱,就要有爱心又可爱。即使过了恋爱期已经结婚了,也要一直保持下去。如果你能一直保持自己吸引人的特质,你和伴侣的关系会越来越牢固,并不断成长。

153. 情书

情书对写情书的人和收到情书的人都意味着好运。写情书和看情书都能激发强烈的情感,所以有多如牛毛的教你何时以及如何写情书的迷信建议。

写情书的最佳日子是星期五,因为星期五属于爱神维纳斯。"星期五"这个词来自古英语"frigedaeg",意思是

"弗雷娅的日子",弗雷娅是挪威战神奥丁的妻子。但是大部分欧洲语言中的"星期五"则来自拉丁词"dies Veneris",意思是"维纳斯的日子"。结果,弗雷娅就和维纳斯联系在了一起,星期五也就被认为是维纳斯的日子。

情书不能打印,也不能用铅笔写,应该用钢笔写。

如果写情书时你的手颤抖,这是个好兆头,意味着收到情书的人会回馈你的爱。

情书写好了不要在星期天寄出去,也不要在2月29日、9月1日和12月25日寄出去,原因不详。

用信求婚会带来厄运。情书想写多少就写多少,但是求婚一定要当面求。

154. 吸引力法则

吸引力法则说的是不论你要什么,宇宙都会满足你。如果你想找伴侣,需要想清楚你希望找一位什么样的伴侣,然后将你的想法传递到宇宙中。

经常想一想你希望伴侣具备的条件。躺在床上入睡前是非常好的时间点。当然,平时有空时也应该想一想,一天当中总有一些时间,比如在排队、等红绿灯、旅行时不妨想一想你的理想伴侣。

过去，人们想出很多寻觅丈夫或妻子的方法。一个常用的方法是削苹果，保证苹果皮不断，削完苹果后转三圈，然后将苹果皮从你肩膀旁扔出去，然后观察苹果皮的形状，因为这会透露你未来爱人名字的首字母。这个方法随时都可以尝试，但是最佳日子是 10 月 28 日，因为这天是圣西蒙和圣裘德的斋日。

一旦你找到了潜在的伴侣，可以玩小孩子玩的游戏，一边撕下雏菊花瓣，一边说："他（她）爱我，他（她）不爱我。"

155. 红玫瑰

玫瑰是爱情之花，如果一个年轻女子梦到了玫瑰，说明她会行大运，如果梦到红玫瑰那她真是幸运得不能再幸运了。

在英国，女子过去时常在夏至前夜要摘朵玫瑰，用白纸仔细包起来，然后藏在一个安全的地方，直到圣诞节才拿出来。如果玫瑰依然鲜艳，那么她就在圣诞节早上戴上这朵玫瑰花去教堂。她未来的爱人会看到，他要么赞美她，要么拿掉这朵玫瑰。如果玫瑰凋零了，这女子在未来的一年都将单身。

玫瑰还能测试爱一个人有多深，想知道对方爱自己有多深需要拧断玫瑰的枝干,声音越大,说明对方的爱就越忠诚、越澎湃。

在维多利亚时代,男孩女孩几乎一直受到监护,花就成了一种传递秘密的方式。红玫瑰象征激情,白玫瑰象征纯洁的爱。据说丘比特在欣赏玫瑰花时被蜜蜂蜇了一下,他很气愤,对着玫瑰花丛就射了一箭,玫瑰花丛流血了,将所有的玫瑰花都染红了。另一个版本是丘比特不小心将红酒打翻到了玫瑰花丛中,将玫瑰花染红了。

156．一见钟情

古希腊人认为男人和女人本是一体的,众神以为人类要推翻他们,为了削弱人类的力量,便将他们一分为二,这也是人们会一见钟情的原因,因为他们只是认出了原本是一体的彼此。

乔叟(1343—1400)在《特洛伊罗斯与克丽西达》中写道:"她第一眼就爱上了他。"伊丽莎白女王时期的剧作家马洛(1564—1593)在《赫洛和勒安德尔》中写道:"不论爱谁,不要一见钟情。"

有一种叫三色堇的紫色小花和一见钟情有关,因为在古老的传说中,丘比特的箭射穿了三色堇的花。英国戏剧大师莎士比亚（1564—1616）取笑过一见钟情，说将少许三色堇的花汁点在熟睡人的眼睑上，不论这个人是男是女，都会爱上他（她）睁开眼后看到的第一个人（《仲夏夜之梦》，第二幕，场景八）。在莎士比亚的悲剧《罗密欧与朱丽叶》中，罗密欧对朱丽叶就是一见钟情坠入爱河的。

一见钟情是可能的，因为对视的两人在几分之一秒内就可以捕捉到吸引力，几分钟的交谈就可以知道两人能否合得来。

如果你也想一见钟情坠入爱河，那一定要留意月圆后的第七天，因为按照传统的说法，这一天最有可能上演一见钟情的浪漫爱情故事。

157. 魔镜，魔镜，告诉我

有很多关于镜子的迷信说法，最广为人知的一则是如果你打碎了一面镜子，要遭受七年的厄运。当然啦，也有关于镜子的好说法，比如年轻女子可在镜子中看到她未来伴侣的样子。美国的南方腹地就有一种说法，说女子在井前举个镜子就可以看到她未来爱人的样子。

英国也有一个说法，说如果女子在枕头下放一面镜子，就能在梦中见到她未来的丈夫。

或者你可以在睡觉前站在镜子前梳头，梳三次，这样就可以梦到你和你未来的爱人了。

158. 花的力量

在爱情和婚姻的民间传说中，花扮演了不可替代的角色。有一种传说，在你爱慕的人经过的土地上撒下万寿菊的种子，就能保证此人对你忠贞不渝，但是你要悉心照料万寿菊植株，你的爱会随着万寿菊的成长而成长。

如果你梦到了红玫瑰，说明你的爱情已经悄悄来临了。

如果想找到你的爱人，可在睡觉前在枕头底下放一把新鲜的雏菊，你极有可能会非常清晰地梦到你未来的伴侣，坚持这么做，直到找到你要找的爱人。

如果你用水对迷迭香和百里香连喷三下，然后把迷迭香放在一只鞋子里，百里香放在另一只鞋子里，睡觉前把鞋子放在床脚，你也会在梦里看到你未来的爱人。

159. 在幸运日求婚

一般都是男性向女性求婚，在闰年女性可向男性求婚。

现在，谁向谁求婚已没有那么多讲究了，但是求婚的日子依然很重要。

如果是在周一求婚，情侣会过着幸福但多事的生活；在周二求婚，情侣琴瑟和谐；周三，双方永不争吵；周四，双方会实现他们重要的目标；周五，双方要很努力才能取得成功；周六，双方恩恩爱爱，和和气气；不能在周日进行求婚，因为周日是上帝的安息日。

160. 婚礼

一旦找到了意中人，按照传统下一步就是结婚。有的日子适合结婚，明智的做法是在好日子结婚。下面是一些传统的说法。

古罗马人在五月悼念逝者，在五月人人都要穿丧服。即使两千年过去了，现在依然认为五月不适合结婚。老话"五月结婚毁一生"也适用于现在。六月是特别适合结婚的月份，这是因为在罗马神话里，朱诺和朱庇特是在六月结的婚。六月是朱诺之月，古罗马人喜欢在六月结婚，以求得到朱诺的祝福。两千年后的今日大家依然喜欢在六月举行婚礼。

不宜举行婚礼的日子有：四旬斋（复活节之前的六个

星期)、悼婴节（12月28日）、圣星期四（复活节前的星期四）、圣斯威逊节（7月15日）、圣托马斯日（12月21日）。

在周几结婚也要特别注意，童谣唱道：

> 周一结婚得财富，
> 周二结婚得健康，
> 周三结婚时运佳，
> 周四结婚蒙损失，
> 周五结婚十字架，
> 周六结婚不吉利。

迷信说法在周六结婚夫妻二人会有一人先离开，所以人们不喜欢在周六结婚。但是现在大家却喜欢在周六结婚，因为大部分人都是在周末有时间。

当然就算遵循了所有这些，还需要天气的配合。婚礼当天阴天下雨预示着婚姻不顺，反之，"艳阳高照，新娘运好。"

161. 订婚戒指

订婚戒指是第一个人们能看得到的结婚信号。某些宝石类的戒指会比其他戒指更能带来好运,最能带来好运的是钻石、祖母绿、红宝石和蓝宝石戒指。欧泊对大部分人都不好,却是十月份出生女性的幸运物。因为珍珠象征眼泪,所以不适合用作订婚戒指。

新娘的朋友可以将订婚戒指放在指尖,许个愿,愿望一般都能实现。

162. 结婚礼服

为了使婚姻更幸福,新娘需要穿一些"旧的东西,新的东西,借来的东西,蓝色的东西"。

"旧的东西"通常指面纱,面纱最初是用来保护新娘不受邪恶之眼的伤害,通常是代代相传。当然面纱也可以是"借来的东西",如果面纱是借来的,要确保面纱的主人婚姻幸福。婚礼前是不能戴面纱的,新娘如果在镜子中看到了戴面纱的自己则被认为不吉利。有时候"旧的东西"也可以是家传的珠宝或其他的物品。

"新的东西"通常是婚纱。"借的东西"通常是指向婚姻幸福的女性朋友借的东西。"蓝色的东西"象征忠诚、爱和纯洁,通常戴的吊袜带是蓝色的。新娘一般要在鞋子里放一枚硬币祈求婚姻中的财运。

有时候婚纱的最后一针直到新娘参加婚礼前一刻才缝上，据说这能给新娘带来更多的好运。

如果新娘穿她妈妈结婚时穿的婚纱则尤其吉利。

丝质婚纱最佳，因为这会增加新娘的好运。

163. 结婚戒指

新娘和新郎在婚礼上互换结婚戒指的传统要追溯到两千年以前。早期的基督教作家德尔图良（160—225年）曾提到给新娘金戒指是对婚姻的承诺。莎士比亚在《第十二夜》（1602）中提到过互换戒指：

> 一个永久相爱的盟约，
> 已经由你们两人握手缔结，
> 用神圣的吻证明，
> 用戒指的交换确定了。（第五幕，第一场）

清教徒认为婚戒是异教徒的迷信，曾试图取消这种做法，但是婚戒的传统还是流传下来了，很难想象婚礼上新郎没有给新娘戴上婚戒。实际上，现在新娘也会给新郎戴戒指。

164. 伴娘

伴娘的传统源自有人因反对婚事而企图抢走新娘。伴娘是用来保护新娘的，保证新娘不会被抢跑。

当伴娘会很幸运，因为在未来一年内会有人向伴娘求婚。但是当三次伴娘则不好，因为这意味着要成为老处女，好在还有补救措施，那就是再当四次伴娘，总共当七次伴娘，所有的厄运都会消失。

新娘如果有已婚的主伴娘也会很幸运，因为如果婚礼上有一位婚姻美满的女士在场，预示着新娘也会有幸福的婚姻。

165. 大米和五彩纸屑

在新郎和新娘离开教堂时往他们头上撒五彩纸屑的做法源自往新娘头上撒玉米的古老习俗。玉米象征富足，往新人头上撒玉米是祝福他们以后生活幸福富裕，多子多福，小麦经常被用来代替玉米，后来大米又渐渐取代了玉米和小麦，最后则被五彩纸屑取代了。

166. 婚礼蛋糕

蛋糕是婚礼上不可或缺的部分，因为蛋糕能给吃蛋糕的人带来好运，而且要给没到场参加婚礼的人送去一块蛋糕，让他们也沾沾好运。

蛋糕要松软可口，因为蛋糕象征蒸蒸日上。

新娘切第一块蛋糕，并悄悄许个愿。如果是别人切下了第一块蛋糕，新娘有可能没有孩子，因为蛋糕还象征子嗣。通常，新郎将手放在新娘手上，和新娘一起切第一块蛋糕，这样新郎就会沾上新娘的好运。

有时新娘还会留一层婚礼蛋糕当洗礼蛋糕用，以此确保新婚夫妇会有自己的孩子。

在英国，切好的蛋糕要碰新娘的婚戒九次，然后再给伴娘。随后，要把蛋糕放在伴娘的枕头下，这样她们就能梦到她们未来的爱人了。

167. 准时送我到教堂

如果新娘家有猫的话，新娘要喂这只猫，确保新娘和新郎白头到老（如果这只猫在婚礼前打喷嚏，这也是好运的征兆）。去教堂时，准新娘要从正门离开家，右脚跨过门槛。在去教堂的路上，新娘看到黑猫、灰色的马、大象、彩虹和扫烟囱都是吉兆。现在大部分人都住城里，几乎不可能看到灰马和大象了。但是雇个烟囱匠出现在合适的时间却是可能的，这个烟囱匠会送给新娘美好的祝福。到教堂后，新娘要先迈右脚，而且不能从教堂的北门进入教堂。

168 新娘花束

新娘花束象征生育，祝福新婚夫妇很快就有自己的孩子，花束上的丝带也会带来好运。

新娘扔花束的做法始于20世纪初的美国，随后传遍世界各地。据说，最初的用意是用来误导宾客，新郎和新娘在一片混乱中离开婚礼现场。新娘身上的东西都是吉利的，所以接到花束的女士等于接到一份好运，应该会成为下一个要结婚的人。

169. 跨过门槛

新郎领着新娘跨过门槛是种传统，这样做是为了留住新人家里的好运气,这种做法的起源也不可知,但是有两种说法。一种说法要追溯到史前期,男人不顾女子反对,强行娶女子为妻,带女子跨过门槛说明已经将女子领进自己的家,要开始新生活了;另一种说法要追溯到罗马时代,跨过门槛象征女子不情愿地失去了自己的童贞。不管是哪种说法,这种有意思的做法都能给新婚夫妇带来好运。

170. 蜜月

蜜月是新人结婚之后的第一个假期。塞缪尔·约翰逊(1709—1784)说蜜月是"结婚后的第一个月,充满了柔情蜜意"。没有人知道蜜月的来源,可能起源于巴比伦,新婚夫妇在婚后第一个月喝蜂蜜酿的酒。有文字记载的蜜月最早出现在 1552 年理查德·胡勒编纂的英语—拉丁语词典 *Abecedarium Anglico-Latinum* 中,理查德·胡勒不无讽刺地说:爱意就像月亮,也有圆缺。

第 7 章　家里的运气

家不仅仅是房子。家是自己的一部分，反映你的喜好、品位和个性。经历了一天的压力后，家是最安全、舒适和呵护你的避风港。

很多年前，我帮一位朋友清理他母亲过世后留下的房子。那次经历很难忘，因为我朋友的母亲什么都不扔，家里有成堆的旧报纸、旧杂志，垃圾信件遍地都是，我们得侧身才能走过门厅，因为门厅两边从地上到天花板全堆满了纸。整个屋子堆满了老太太 60 年来收集的各种东西。

"就没有人建议她清理这些东西？"我问道。我的朋友叹口气："大家一直在劝她。她根本听不进去。她什么都留着，以防万一她用得着。这些年来我经常想到那个房子。我见过很多里面堆满了各种东西的房子，但是从没见过堆那么多东西的房子。我们一直都在收集东西，但是好在大部分人都会整理归类。我舍不得丢弃书，但是其他暂时用不着的东西我都潇洒地扔了。

本章我们就从家里收集的东西开始,看看有哪些方法可以帮你增强家里的运势。如果你想增强家里的运势,不要样样都尝试,一次只尝试一两种方法,看看是否有效。坚持下去,直到实现了自己的愿望,然后再尝试新的方法。

171. 杂物

所有你不再需要、不再使用的东西,不再爱的人都是杂物。几乎人人都有用不着但是又喜欢、舍不得扔的杂物,这是因为我们对物品也有情感依赖,认为东西总有用得着的一天。我们逐渐积累了多年来收到的没用的礼物和物品,舍不得扔掉,因为这些东西让我们想起送我们礼物的人。

其他的杂物还包括从没穿过将来也不会穿的衣服,已搬走或组建了自己家庭的家庭成员留下的东西。

杂物属于过去。如果你抓住没用的东西不放,就是在拖自己的后腿。清理自己的家等于释放自我,再次前行。

172. 风水

风水是中国人与自然和谐相处的艺术。风水的核心概念之一是气，气可以理解为能量场或宇宙的生命力。气从正门进入家里，可以在整个屋子里自由流动。气的流动受阻会削弱住在这个屋里的家人的运气。杂物是封锁正能量场的主要因素之一。一旦杂物能归类整理好，住在这个屋子里的人就能感受到自由、畅快和积极的能量，也会更自信，比以前更好运。

173. 激发气

气从正门进入屋子，在屋子里自由流动，从后门和窗户流出去，有时候气会受阻。如果家里环境很紧张，或者家里有人一直很暴力或争吵不休，气就会受阻，你能感受到家里的气氛很紧张。有人告诉我，这样的情形让她想到黑云压顶，让每一个住在屋里的人都很压抑。

在每一个房间里洒水可以驱走负能量，雾化的水汽能产生负离子，让气再次自由流动，精油也有同样的效果，薰衣草、洋甘菊和依兰精油都可以，可以在水里滴几滴精油，然后在房间里喷洒，或者用电动扩散器加热精油。

一个简单但非常有效的方法是在需要清理的房间里用力地拍手，要保证在房间的每个角落都拍手，想象你看到能量在流动。拍完手，要用流动的水彻底地洗手，以洗去所有沾上的负能量。

如果房间里有人病了很久,首先要通风将房间里的空气换掉,然后喷柠檬精油、桉树精油或迷迭香精油等精油来激活气。

如果房间里有人去世,需要彻底清扫和换空气,然后使用精油来吸引正能量。

174. 烟熏

可以用灸条或精油激活新家的能量场,驱走上一家留下的负能量。

可以自己做灸条,但是没必要,因为网上都有售,也可以在很多新世纪或纯天然商店购买。灸条可以用很多植物做成,比如雪松、迷迭香和鼠尾草。最好买含有香草的灸条,因为香草对于去除负能量特别有效。

先换上旧衣服,然后点燃灸条,如果灸条燃烧得很好,熄灭火焰,让灸条闷燃。熏屋子之前应先用灸条熏自己,先在身体的一侧从头熏到脚,再熏另一侧,然后熏整个屋子。

虽然灸条火焰熄灭了,但是温度非常高,所有在屋里走动时,应该拿一个防火小盒放在灸条下面。如果有人拿着小盒就更好了,这样你就可以专注熏房间。

从正门进入屋子，从右手边的第一间房间开始，让烟飘到房间的每个角落，熏完了要关上房间门，依次熏每个房间，确保每个房间都被熏到后，用水熄灭灸条。

每天都这样做一次，直到你能感受到屋子里能量的变化。一般在熏到第二次或第三次时你就能感觉到了。

所有的烟都飘走后，家里会出现细微的变化，你能感受到更积极、有活力的能量。气就可以在屋里自由流动了，好运也会光临你家了。

175. 门前小路

为了招来更多好运，门前的小路应界限分明，最好有点曲折。两旁的植物应该悉心照料，不能看起来病恹恹的。

176. 大门

家里的大门是最重要的，因为你肯定希望有更多的气进入你家，所以你家的大门应宽敞明亮，有欢迎外人之象，客人应该很容易就找到你家的大门。不用的物品不能放在大门口。不论是门里还是门外，如果摆放鞋子的话，除了常穿的鞋子，其他的要全部收起来。

我一位朋友几年前在一次国外旅行回来后，不知道把行李箱放哪儿，就暂时把它放在大门处，结果一放就是三年。他后来和我念叨说再也没钱出国旅行了。我对他说，他该给他的行李箱找个地方。进入大门的气受阻，住在房子里的人日子也会很艰难。一旦清理了大门口，就会有更多的气进入你家，你也会更好运。

177. 后门

后门是气离开你家的地方。气在你家自由流通之后，也应该畅通无阻地离开。如果后门堆满了杂物，气就不能自由地离开。有一次我在新加坡，一位风水大师告诉我，如果家里的后门受阻，这家人就会便秘。

178. 走廊

走廊应该保持通畅，这样气可以进入每个房间。如果走廊堆满了杂物，气会受阻，在生活的各个方面你都会觉得受拘束。一旦走廊上的杂物被清理掉，走廊易于通过，你处处受阻的感觉也会消失，好运会再次光临你家。

179. 厨房

厨房是家中的心脏。过去，一家人围着炉火取暖，其乐融融。现在这种日子虽已不在，但是厨房依然是个温暖、慰藉人的地方。如果厨房里堆满了没用的杂物，你会有种被困住的无力感。定期清除或整理不用的物品，你会觉得一切重回你的掌控之中。

我记得有一次去别人家里，这家厨房的柜台上放了几件坏掉的物品，我建议这家的主人扔掉不能用的物品，放上可以使用的物品，她十分震惊，但是听取了我的建议，结果在很短的时间内，她身上就发生了几件积极的事情，包括许久没见的儿子来看她，她有了新工作。

冰箱里应该放很多东西，因为这关系到家境的殷实。当然要经常食用和替换冰箱里的食物。

180. 饭厅

饭厅应该是个让人愉悦、放松、想说话的地方。理想状态下,饭厅应该是独立的一间,如果不是一间,应该有清楚的界限。

饭桌应该是饭厅的中心,风水认为饭桌最好的形状是圆形、椭圆形和八角形。坐哪儿可以反映他在家中的地位。

181. 客厅

客厅应温暖舒适,让人放松,有一种热情好客感。通常情况下,东西被拿到客厅就放在那儿,而不是再放回原来的位置,所以客厅很容易就变得乱糟糟的。客厅东西堆得太多,让人觉得烦躁不安,无法放松。

一旦整理了客厅,你会觉得更放松,好运也会再次来临。

182. 浴室

浴室也可能堆满杂物,如果浴室的表面都被乱七八糟的东西盖住,你会觉得紧张不自在。清理掉不用的旧牙刷、化妆品、药品以及其他用不着的物品,会立刻给你一种舒适放松感,也会提升你的运气。

淋浴和马桶应尽量不明显,如有可能,淋浴应该有隔间创造一种私密感。

淋浴地方和马桶应尽量不明显，如有可能，马桶应隔开以创造一种私密感。

183. 卧室

卧室就像我们的圣殿，是我们放松、阅读、做爱、睡觉和做梦的地方。卧室里的杂物会影响所有这些活动。如果你单身，堆满杂物的卧室会妨碍你寻找意中人。

对大部分人来说，卧室的最大问题是那些永远都不会穿的衣服、鞋子和其他物品。重新检查一遍你的衣柜，你会发现很多物品都应该扔掉或送人。这样气也会有更大的流动空间。

大部分人喜欢在床底下或衣柜上面放东西，梳妆台也不是用来放化妆品的地方。一旦你清理掉在这些地方堆的杂物，你的睡眠质量会更好，你在生活的各个方面会更幸运，尤其是你的爱情生活会更幸运。

184. 床

据说如果南北向摆放床更好，如果你想要个儿子，南北向放床也会增加好运，当然了，怎么摆放床也要视卧室的具体情况而定。

床腿不能对着门口,因为抬尸体都是先抬脚,棺材都是对着门口摆放的,所以这样放床特别不吉利。

床头靠墙吉利,因为这说明床有靠山。

床的两侧不能靠墙,这样会赶走潜在的伴侣。如果你想吸引伴侣,床的两侧应为你和你的伴侣留有充足的空间。

躺在床上转头不超过 45° 角就应该能看到房门,这能带来安全感。

如有客人在家过夜,应至少在客人走后一小时才能整理客人睡过的床。这能留住好运。

要是铺床就一次铺好,因为床铺了一半回头再接着铺不吉利。铺床时打喷嚏同样不吉利,立刻画个十字可化解。

185. 起床

古老的迷信说法,在早上起床时,应该先伸右腿,这样你会一整天都和见到的人相处融洽,一整天都过得非常愉快,好运也会朝你涌来。如果你先伸左腿,一整天都会困难重重,不如意。

186. 家庭办公室

家庭办公室不能有杂物，因为这和家里的财富、地位和成功直接相关。气的流动受阻会影响家里的财富、地位。

一摞摞的旧目录，塞得过满的文件柜，桌子上一摞摞的文件，地上堆的打印纸都会影响你的钱包。你的办公室应是愉悦舒适的办公环境，你不用一直在找你需要的东西。

清理掉办公室的杂物能增加你的财富和好运。

187. 打扫

传统说法是打扫屋子时，应将灰尘往屋内扫。如果你将灰尘扫出去了，好运也被你一同扫出去了。最好的做法是将灰尘扫进簸箕内，然后将簸箕拿出去。

家里的灰尘同家里的好运和财富息息相关有几百年的传统了。1323年，一位名叫爱丽丝·吉蒂勒的爱尔兰女巫被起诉，称她通过扫基尔肯尼人家的门前尘土而抢劫他们的财富，这样做能增强爱丽丝·吉蒂勒和她儿子的好运与财富。

无独有偶，有一个古老的迷信说新买的扫帚第一次使用时应该往家里扫进些东西，因为这象征往家里扫进好运。

188. 花

古埃及人互赠鲜花以表达爱意和友谊。这个美好的传统延续至今，而且还逐年改进，因为现在大家相信花朵还能带来好运。奇数朵花更吉利。

黄色的花据说最能为家里带来好运，紫色的花类似，因为都能增强家里的运势和财运。

189. 搬家

搬家最吉利的日子是周一和周三，周六最不宜搬家。宾夕法尼亚州的荷兰人认为周五是最不宜搬家的日子，他们的说法是："周五一晃而过，你也只是坐一坐。"也就是说你不会在新家住的时间很长。

关于提升新家的运势，有好多种迷信说法。一种说法是用原来家里壁炉未燃尽的煤块给新家的壁炉点火，这会保存全家的好运势。有意思的是，乔迁庆宴的做法即来源于此，这样亲朋好友都能沾沾新家的好运。

在搬进新家前先在新家放一把新扫帚也能带来好运，但是要注意的是，是新扫帚而不是旧扫帚。

往新家最先搬的东西应该是一桶煤和一盒盐。这是给新家的礼物,这样能为你招来好运。

190. 乔迁庆宴

乔迁庆宴可以给家里的每一个人带来好运。如今,乔迁庆宴变成了招待朋友、介绍新家的活动,然而这种做法的传统意义是敬拜和感谢家中的神灵。

家里的中心是壁炉,炉火不断被认为是有神性的。古希腊和古罗马人认为家神是在壁炉中接受人们的敬拜。渐渐地,家神被各种神灵所取代,人们要敬拜这些神灵以保证家里财运和好运不断,这也是为什么在入睡前要整理好壁炉。搬家时,也要将原来家中的炉火余烬带到新家,点燃新家的炉火,这就是"暖家";这样做也可以将家中的神灵一起带到新家,保证家中好运不断。

第8章　天、月、季节和年

人类一直以来都孜孜不倦地想要弄清楚时间，揭开她的神秘面纱，一窥未来的样子。因为人的寿命不同，有人颐养天年，寿终正寝；有人却不幸英年早逝，而这又都归于运。人的一生是有限的（与之相对的，是上帝的时间，这是无限的），人们就想出了各种活动，比如宴席和节日，企图借此暂时躲避掉时间的限制。法国诗人波德莱尔（1821—1867）曾写到时间是"一直警惕我们，吞噬我们心灵的死敌"。

本章给出了一周七天，一年十二个月的忠告。按传统方式行事，可以提升你的好运。你可以从周三开始一项有创意的爱好，或者在周日制定一些目标。当然你也可以在其他时间做这些事情，但是不妨做一番实验，看看是不是在特定时间做特定的事会更好运。

积极主动，不放过任何机会，有所期待，你会发现只要改变自己的态度和期望，任何一天都可以是你的幸运日。

季节对应物

不同的季节有不同的对应物。你出生季节的对应物可能给你带来好运。

191. 春季

颜色：黄色、白色和淡绿色。
宝石：砂金石、翡翠和粉晶。
花：番红花、黄水仙、水仙和雪花莲。
如果你想在春天抓住春的气息，不妨戴一件和春天相关的宝石，或者穿黄色、白色、淡绿色的衣服，连接春之能量，这样你对生活和未来也会感到朝气蓬勃。

192. 夏天

颜色：金色、橙色、淡紫色、粉红、红色、紫色、绿色。
宝石：琥珀、红玛瑙、黄水晶。
花：风铃草、毛地黄、丁香花、玫瑰、向日葵。
在夏天穿和夏天对应的颜色的衣服，或者戴一块琥珀、红玛瑙或黄水晶来招好运。这样你可以吸收夏日的热情和繁茂,感受夏日的昂扬向上。

193. 秋天

颜色:蓝色、古铜色、棕色和金色。
宝石:紫水晶、天青色、虎眼石。
花:菊花。

秋天是夏天已过去,冬天即将来临的季节,是很多人喜欢的季节。穿蓝色、古铜色、棕色或金色的衣服,或者戴属于秋天的宝石可以增强好运,更能感受到秋天的能量。

194. 冬天

颜色:黑色、灰色、金色、深绿色、银色、红色。
宝石:透明水晶、烟晶、猫眼石。
花:圣诞玫瑰、一品红。

为了感受冬天的能量,你可以穿和冬天相关的颜色的衣服,或者戴一块透明水晶、烟晶或猫眼石。冬天是未雨绸缪的季节,为未来做好规划。

一周七天

每天都可以是个幸运日。如果你能将自己的能量在合适的日子聚焦于你的愿望之上,幸运女神会满足你的愿望。

195. 周一

周一和月亮相关。周一是和家庭、宠物、女性、情感和直觉相关的幸运日。周一戴珍珠会提升你的运气。

196. 周二

周二和金星相关。周二是任何与工作、事业、生意、自尊、勇气和男性相关的幸运日。周二最适宜挺身而出,说出自己的感受。周二戴红宝石会提升你的运气。

197. 周三

周三和水星相关。周三是任何和沟通交流、创造、启迪心智相关的幸运日。所以周三适宜自我表达,这包括唱歌、讲话、写作和参与创造性的活动。周三戴蓝宝石可以提升运气。

198. 周四

周四和木星相关。周四是任何和钱、资金、富裕和旅行有关的幸运日，适宜做任何和上述事项相关的计划，也适宜开始任何有挑战性的工作。周四戴石榴石可以提升运气。

199. 周五

周五和金星相关。周五是任何和友情、爱情、社交活动有关的幸运日，适宜举行任何形式的娱乐活动。周五戴祖母绿可以提升运气。

200. 周六

周六和土星相关。周六是个人财务和保护的幸运日，适宜消除消极情绪，表达更积极的生活态度。周六戴钻石可以提升运气。

201. 周日

周日和太阳有关，是一周最好的一天。周日是任何和自我价值、目标设定及对个人而言很重要的事务相关的幸运日。周日戴黄水晶可以提升运气。

202. 忏悔星期二

忏悔星期二是基督教日历中四旬斋前的最后一天，经常被叫作"煎饼日"，因为要在这天做煎饼、吃煎饼，以确保未来的十二个月行好运，而且要在晚上八点之前吃煎饼才会行好运。四旬斋是一年中最克制的时间，煎饼日是人们最后一次大吃一顿的机会，此后要一直斋戒到复活节。

幸运月

一个月中最后一个工作日是周五和第一个工作日是周一的月份是幸运月。还有你出生的月份也是你的幸运月。

203. 一月

在一月非常适合做出改变,尝试新事情。如果你在一月专注想新点子,开始新事情,或者担任领导人,这方面的好运会增强。

在一月适合尝试新事情或有挑战性的事情,比如读一本主题你一无所知的书,或者和某一领域的专家交流。即使你只是一时心血来潮,那也无妨,说不定会学到以后对你有用的东西。

204. 二月

在二月适宜和他人合作,考虑细节,制订计划。你需要有耐心,因为事情的进展会比你想象的更缓慢。二月是所有有关亲密关系的幸运月。

205. 三月

二月是社交活动、娱乐和自我表达的好时机,也适宜旅行和度假,是进行创造性活动的幸运月。

206. 四月

四月是努力工作，抓住一切机会的幸运月。你要注重细节，尽量井井有条，尽职尽责。

四月、六月和十一月是最适合结婚的月份。

207. 五月

在五月适宜做出改变，提出新想法，认识新人，拓展视野，从不同的角度看世界。幸运机会也会在五月不期而来。

208. 六月

六月是爱人、家和家人的幸运月。如果你能先考虑别人的需求，良机也会随之而至。六月是爱情和浪漫月。按照传统，在六月最适合结婚。在四月和十一月也适合结婚。

209. 七月

七月是自我内在成长和心灵觉醒之月，适合学习和做研究。在你回顾过去、展望未来之时，好运已悄悄来临了。

210. 八月

八月是以罗马第一位皇帝奥古斯都命名的。奥古斯都大帝认为八月是他的幸运月，因为他是在八月首次成为执政官的。只要你抓住机会，果断行事，八月就是你的幸运月，获得认可、取得晋升和经济回报都会在八月发生。

211. 九月

只要你充满同情心、善良、善解人意，九月会给你带来帮助他人的机会，为你做的事情顺利地画上句号，并有助你处理人际关系。

212. 十月

十月是积极前行的月份。你要认真衡量各种机会，抓住最有潜力的机会。只要你注重个性、原创性以及和人打交道的能力，幸运女神就与你同行。

213. 十一月

只要你有耐心，静待时机，十一月就是你的幸运月，这也是与他人合作，获取信息，随时准备有所行动的月份。

如前文所说，在四月、六月和十一月最适宜结婚。

214. 十二月

十二月是带来欢乐的月份。参加社交活动，与朋友的聊天也会带来好运。只要你乐观积极，一切都会如你所愿。

215. 闰年

闰年是做出改变、开始新事业的幸运年，最适宜换工作、创业、搬家、到国外旅行，或者做任何超出你舒服区的事情。

当然啦，一年中最适宜新开始的日子是二月二十九日。

216. 每天的幸运数字

闰年四年才一次，但是每天都有一个幸运数字。第一步是把你的出生日期和月份相加，再加上今年的年份，一直相加直到最后数字是个位数。数字命理学家将之称为个人当年幸运数。比如，你的出生日期是8月23日，今年是2016年，把8（月）+2+3（日）+2+0+1+6（年）=22，然后2+2=4，这样就得出了你的当年幸运数字是4。

第二步是将个人当年幸运数字加上当天的日期和月份，一直相加直到最后数字是个位数。比如，今天是3月17日，3（月）+1+7（日）+4（个人当年幸运数字）=15，然后1+5=6。2016年3月17日你的幸运数字就是6。用这个公式，可以算出任何一天的幸运数字。

第四部分
从文化和历史看运气

纵观历史，人们想方设法地寻求运气，有些方法就演变成了民间传说。在西方，没听说过四叶草能招好运的人恐怕不多。不同的文化有自己招好运的独特方法，有的经过时间的检验依然还在使用，有的则废弃不用，被人遗忘了。此部分我们来看一看幸运动物、食物，中国文化中的运，以及最受欢迎的民间开运法。

第9章　幸运动物

不同的文化有不同的幸运动物。有的动物成为幸运动物，是因为人们通过观察它们的行为，发现有的动物比其他动物更幸运。有的动物更足智多谋，有的更狡猾，有的对即将来临的危险似乎具有第六感。几千年前，人们戴上从某些动物身上取下的东西来祈求获得好运。现在还有人这么做，只是他们通常穿戴的都是画上去的，而不是真正的幸运动物的齿或爪。有人收集幸运动物的装饰品，将收集品展示出来，并不断收集新物品，扩大他们的收藏，而这些收藏也给主人带来了快乐时光。这些收藏品也能带来好运，当然前提是主人自己得相信。我的母亲收集陶瓷小鸡，将之放在篮子里，因为她相信这些陶瓷小鸡能给她带来好运和富裕。

除了收集幸运动物的物件，你也可以留心遇到的幸运动物。如果你的幸运动物是猫或者狗，这是件非常容易的事情，但如果你的幸运动物是食蚁兽或者珍稀的鸟类，外出时能看到就不容易了。如果你的幸运动物不常见，那你不妨带一张你的幸运动物的照片,也可以在家挂一张你的幸运动物的照片。每次看到照片,就提醒自己这就是幸运。因为这些都会让你想到幸运,这样不论你做什么,都会留意幸运的机遇,会发现幸运女神在朝你微笑。

217. 白色的动物

几千年来,白色动物都被认为是吉祥的。在古罗马,幸运儿被叫作"白母鸡的儿子"。英国人认为白兔子是吉祥物。世界上很多人包括我自己,在每个月的第一天睁开眼就说"白兔子",这样据说能带来整整一个月的好运。我的一位朋友告诉我,有的人说的是"兔八哥,兔八哥,兔八哥"。看到白马也很吉利,拥有一匹白马就更好了。虽然"白象"是指没用的废物,但是在亚洲的很多地方人们都敬畏大象,大象所到之处都能带来好运。如果在新年看到的第一只蝴蝶是白色的,你一整年都会行好运。

218. 熊

熊是幸运动物,是因为熊可以靠冬眠度过漫长的寒冬。

在斯堪的纳维亚，很多人相信熊是奥丁神的化身。雌熊是仁慈的妈妈，因此熊象征家和家庭事务方面的好运。

219. 蜜蜂

蜜蜂据说是好运的信使。如果蜜蜂进了你家，说明好运也进了你家，最好是让蜜蜂自己找到出去的通道。如果蜜蜂被困在了窗户后面，你可以帮忙，但最好是蜜蜂自己飞进飞出。如果蜜蜂落到了你的手上，说明你很快就会有钱了；如果落在头上，说明你要出名。有种说法是养蜂人去世了，蜜蜂会参加养蜂人的葬礼。养蜂人告诉蜜蜂家里发生的事，可以招来好运。

220. 鸟

有的鸟吉祥，有的不吉祥。燕八哥、鸽子、鸭子、蜂鸟、翠鸟、紫崖燕、知更鸟、鹳、燕子、啄木鸟和鹪鹩都是可以带来好运的鸟。蓝色的和红色的鸟是幸运鸟。不起眼的麻雀在有些地方被认为是吉祥的，在有的地方则被认为是不吉祥的。但是全世界都认为杀死一只鸟是不吉利的。

如果有鸟在你头上拉屎,虽然这很令人讨厌,但却是好运将至的象征。

221. 公牛

公牛象征男性气概和力量。古希腊人戴公牛吊坠以象征好运和生育能力。我和公牛打交道的经历只有一次,我大概13岁时被一头公牛追。我很庆幸我活着跑出田地,现在依然清晰地记得那头公牛的力量、速度和攻击性。

222. 蝴蝶

蝴蝶象征变形、重生、不朽和灵魂。如果你看到蝴蝶飞舞,说明好运来了。在中国,蝴蝶象征桃花运。

223. 红雀

如果你碰巧看到一只红雀,请相信好运就在转角。如果你向静止不动的红雀送个飞吻,会连累好运。

224. 猫

猫象征独立，既可预示好运，也可预示厄运。古埃及人崇拜猫，因为猫象征月亮女神贝斯特。但是渐渐地猫的名声与日剧下，因为它们总是在夜间出现，而黑夜是恶鬼出没的时刻。人们相信女巫能将自己变成黑猫。

现在如果有流浪猫走进你家说明好运进了你家，它想走时就让它走。如果你把它赶走，这样也会赶走家里的好运。查理一世有只黑猫，黑猫死时，查理一世说他的好运也没了。一天后，他就被捕了。出门散步，如果发现右手边有只猫，也是好运，如果这只猫从你面前穿过去，到了你的左边，这象征你的财运。如果你的猫在早上打喷嚏象征好运。一天不论什么时候如果猫连打三次喷嚏都是好运。如果在婚礼当天，猫在新娘身边打喷嚏则是红运当头。如果晚宴正好有13位客人，猫可以算一名客人，对13这个数字有恐惧心理的人也不必紧张了，因为已有十四位客人了。

225. 蟋蟀

听到蟋蟀的鸣叫是好运。杀死蟋蟀会招来厄运。在日本，人们把蟋蟀放在竹笼里，把它当成幸运符，这种做法最早可以追溯到公元 10 世纪。在多多巴斯人们说：蟋蟀家里叫，财神马上到。在津巴布韦，看到蟋蟀是好运。蟋蟀进家，说明好运马上来临。

226. 布谷鸟

布谷鸟是种非常有意思的鸟，既可以象征好运，也可以象征厄运。布谷鸟是春天的使者。在 4 月 6 日之前第一次听到布谷鸟叫被视为不吉祥。但是如果你在 4 月 28 日第一次听到布谷鸟叫说明你运势极佳。如果你第一次听到布谷鸟叫是在你的前方或右边，这也是好运。但如果是在你的身后或左边听到的，就不好了。按照民间说法，不论你在什么时候，什么地方听到第一声布谷鸟叫，都要把口袋里的钱翻过来，同时许个愿，这样你会实现你的愿望，交到好运。

227. 鹿

鹿象征温和、优雅和美丽。中国人认为鹿是吉祥物，因为"鹿"音同"禄"，是"收入"的意思；鹿还象征长寿、丰厚优裕的生活。

228. 狗

狗象征忠诚、友谊和无条件的爱，是人类最好的朋友。如果有流浪狗跟着你，说明好运也跟着你。如果有狗走进你家，也是好运的象征。如果是金色的狗，会发一大笔财。白狗象征浪漫，黑狗象征保护。一只狗象征好运。西藏梗被认为是西藏的神犬，主人不会卖狗，但是会把狗当礼物送人，因为这些狗象征好运，没人愿意卖掉他们的好运。西藏梗是家里的一分子，待遇极佳。因为虐待一只西藏梗会给整个村子带来厄运。直到20世纪20年代，西藏梗才被引进欧洲，当时一位西藏贵族送给一位英国医生一只西藏梗，因为这名医生治好了他妻子的病。西藏梗于1957年被引进美国，常被称作"幸运熊"或"幸运使者"。

229. 驴子

驴子是吉祥动物，因为它们脖子上的深色鬃毛形成一个十字形。人们相信这样的十字形是在驴子将耶稣驮驼到耶路撒冷后才有的。迷信的人们过去常拔三根驴鬃，相信这能治愈很多疾病。在基督教的传统里，驴子象征耐心和谦卑。

据说如果孕妇看到了一头驴子，她未出生的孩子以后长大会很聪明、彬彬有礼又幸运。

230. 蜻蜓

蜻蜓总是和变化、变形联系在一起，因此被视为吉祥物。人们认为蜻蜓有灵性，因为它们灵活，可以往任何方向飞，包括倒着飞。所以看到蜻蜓也是很幸运的事。

231. 大象

大象因其聪明、力量、智慧、忠诚和长寿而被视为幸运动物，也象征力量和兴旺昌盛。

232. 狐狸

狐狸以胆子大、奸诈狡猾而出名。在威尔士人中流传这样一句话：见到一只狐狸吉利，见到多只就不好了。古埃及人认为狐狸带来天神的恩赐。

233. 青蛙

在日本,青蛙象征好运。因为它们是从蝌蚪变成了青蛙,青蛙还象征变化。青蛙王子的故事也说明了这点,因为青蛙最后变回了王子。因为大量产卵,它们还象征富饶。青蛙还以保护孩子而出名。如果青蛙进入你家的花园,这是好兆头。在春天见到第一只青蛙时许个愿,愿望会实现。

234. 金鱼

金鱼象征平静、幸福、长寿和好运。古埃及人认为金鱼能给全家带来好运;古希腊人认为金鱼能改善所有的关系,尤其是婚姻关系;基督教认为鱼象征富裕,因为耶稣用五条面包和两条鱼救了五千人的命。

235. 马

马是能带来好运的有魔力的非凡之物,象征耐力、力量和忠诚。马身上的每一部分都能带来好运，但是最吉祥的是马蹄铁。

236. 猪

猪象征多产、精明、聪慧和富饶，当然也象征贪吃、贪婪和贪欲。中国和爱尔兰都将猪视为吉祥物。中国人认为猪能给创业者带来好运。

237. 兔子

兔子成为幸运物的原因有很多。兔子生育能力极强，据说兔宝宝出生时眼睛是睁开的，所以人们认为兔子可以抵挡邪恶之眼。兔子打洞，过去人们对黑暗和地下心存畏惧。兔子有强有力的后腿，跑起来飞快，所以兔子脚成了最受人喜爱的吉祥物之一。

238. 羊

在基督教国家，羊是吉祥物，因为羊总是让人想到善良的牧羊人。还有人相信羊记得自己的出生地，面朝东方，在平安夜低头感恩。

在乡间小路上见到一群羊是好事，如果能从羊群中走过或者赶着羊群那就更吉利了。这样的说法源自人们生活在相互隔绝的小村庄时代。见到牧羊人和他的羊群意味着会有肉和羊毛。

小羊羔也是吉祥物，尤其是你在春天见到的第一只小绵羊。如果见到一只黑色的小羊羔后立刻许愿，愿望会成真。

239. 蜘蛛

蜘蛛一直以来象征坚持不懈和繁荣富庶。在英国，小蜘蛛有时候被叫作会赚钱的人，如果有只蜘蛛落在你旁边，说明钱来了。发现衣服上落只蜘蛛说明你很快要穿新衣了。如果你在蜘蛛网发现你名字的首字母，你会一生好运。杀死蜘蛛是不吉利的，有句老话："让蜘蛛走，好运长久。"

240.

鹮能带来好运。在古埃及，鹮和灵魂相关。在古希腊和古罗马，鹳象征家庭和爱情。欧洲的民间传说认为是鹳将小孩子带到他们父母身边的。甚至是现在，当小孩子问他们是从哪儿来时，父母还会告诉他们是鹳把他们带来的。人们曾认为鹳会照顾自己的父母和儿女，所以鹳总是和家庭联系在一起。

在德国和荷兰，人们喜欢让鹳在他们的屋顶筑巢，因为这样会给全家带来好运。鹳能活到七十岁，一旦你能让它们在你家筑巢，它们在随后的很多年都会返回你家。

241. 燕子

因为燕子是春的使者，所以人们总是很乐意见到它们。但是只有见到很多燕子时，才能说夏天来了，俗话说"孤燕不成夏"就是这个道理。燕子象征希望、多产，因为燕子是一夫一妻制，所以燕子还象征幸福的家庭。如果燕子在你家筑巢，说明全家都行好运，最吉祥的地方是你家的屋檐。杀死燕子或捣毁它们的巢会带来厄运。

看到燕子打架也象征好运。

第10章　饮食

食物和饮料总是和好运相关。原始人认为吃某种动物的肉或器官，可以获得那种动物的某种特质。比如，如果吃了狮子心，就会获得狮子的力量。更极端的例子是，食人族认为吃了敌人的尸体可以获得勇气和力量。有的食物比如牡蛎有壮阳的功效，经常食用可以享卧室之乐。

人们喜欢举杯庆祝，这是一种用来庆祝某个时刻，恭祝某人，或者许愿的一种仪式。

我的一位朋友每晚都吃一块黑巧克力。开始是当他认为自己度过了充实的一天，会用一块巧克力奖励自己，后来变成每天都吃一块巧克力，因为他发现巧克力可以给他带来好运。巧克力能否给他带来好运不重要，重要的是我朋友相信巧克力能给他带来好运，因为相信，所以奏效。

如果你认为某种食物或饮料能给你带来好运，每次你食用这种食物或喝饮料时，都要告诉自己你是在创造好运。

242. 盐

现在盐充足又便宜，所以我们平时根本不会想到盐，但是在过去，盐可是值钱的稀缺品。如果有人说"你值盐的钱"，就等于说你很有价值。在罗马是要给军官和士兵发盐的。在罗马帝国时代，"Salarium"指发的薪水，可以用来买盐。"薪水"（Salary）这个词就是来自"盐"（Salt）。盐还是很好的保鲜剂，所以又和健康及长寿联系在一起。因为盐能防止腐败，所以又和不朽联系在一起，盐被用在巫术仪式中，被视为吉祥物。

借盐是不吉利的，打翻盐当然也不吉利，这种传统要追溯到盐是珍贵稀缺品的时代。甚至有这样的传说，犹大在出卖耶稣之前曾打翻了盐。达·芬奇在他的名作《最后的晚餐》中描绘了这一场景。当然也有一些做法可以挽救打翻盐造成的厄运。最常见的做法是从你的左肩仍一小撮盐，或者往火里或炉子里撒几粒盐。

243. 西红柿

西红柿的原产地是南美洲和中美洲。据说征服墨西哥的西班牙人赫南·科特兹（1485—1547）于1519年在阿兹特克皇帝的花园中发现了西红柿，然后将种子带到了欧洲。开始人们把西红柿当作装饰品，并不吃西红柿，因为西红柿里的酸会让铅附着在锡制餐具上从而造成铅中毒，所以人们对西红柿存着戒备心理。法国植物学家约瑟夫·图内福尔（1656—1708）给番茄取了一个植物学名称"lycopersicon esculentum"，"狼桃"的意思，这将西红柿和伽林在公元3世纪提到的狼桃错误地联系在了一起，从而对人们对西红柿的错误认识起到推波助澜的作用。伽林认为狼桃有毒，能毒死狼群。直到20世纪初，西红柿才在美洲变成受欢迎的食物。

244. 硬币样食物

硬币样的食物都能带来好运，豌豆、葡萄、橘子、圆形饼干，甚至甜甜圈皆属此类。

黑眼豆就是绝佳的例子，一百五十年前人们就在犹太教的新年——岁首节吃黑眼豆以祈求好运。在美国南部，人们在元旦吃用黑眼豆做的豌豆饭，希望在接下来的一年内都好运不断，一切顺利，这种吃豌豆饭的传统始于美国内战。

在意大利，人们相信小扁豆能带来好运，尤其是金钱方面的好运，小扁豆吃得越多，越幸运。

245. 绿色蔬菜

人们总是让小孩子多吃绿色蔬菜。实际上，很多人吃绿色蔬菜是因为这让他们联想到美国绿色的钞票，从而想到财富，他们认为绿色蔬菜吃得越多，就会在钱财方面越幸运。这个迷信说法很好，因为大部分人都需要多吃绿色蔬菜。

246. 猪肉

吃猪肉也能带来好运，这是因为猪喜欢拱地，让人想到不停地前进。此外，猪胖乎乎圆滚滚的样子也让人把它和兴旺发达、享受生活联系在一起。在意大利，肥肉象征鼓鼓的钱包。意大利人一整年都喜欢吃猪肉，但是在元旦吃猪肉则是为了求好运。

247. 鱼

鱼成为幸运物主要有三个原因：鱼鳞是圆形的，象征钱币；鱼成群游，象征兴旺；鱼向前游则象征勇往直前。

在中国，鱼象征激流勇进，因为人们注意到鱼逆流而上，跳过瀑布，回到它们的出生地产卵。鲤鱼在中国文化和日本文化中象征坚韧不拔，用来激励年轻人奋勇前进。人们还相信鲤鱼一百岁时就可以沿河而上，跃过龙门，变成一条龙。小鲤鱼跃龙门在整个亚洲文化中是最吉祥的幸运符之一。从公元10世纪开始，日本人就在男孩节（现已成为儿童节）举鲤鱼状的旗子。在中国，鲤鱼象征考试顺利，尤其是在以前的科举考试中，鲤鱼可保仕途平坦。因为鱼又和文昌星有关，所以鱼尤其被喜欢用来鼓励在文学考试中取得好成绩。

中国人在大年三十吃鱼以求吉祥如意。家里成员在做鱼时要轮流翻一下鱼，加调料，煎炸，加黄酒，这样人人都在来年幸福自在。吃鱼的最佳日子是初七。因为鲤鱼的发音像"有余"，所以鱼在中国文化中象征吉庆有余。

在中国，金鱼象征丰衣足食。两条金鱼同游象征婚姻和谐美满，九条金鱼象征财源滚滚。戴鱼的物件可以辟邪。

248．茶和咖啡

想求好运，民间做法是用汤匙舀茶或咖啡表面的泡沫，在泡沫没灭之前喝了泡沫，一整天都顺利。

249. 面条

面条是亚洲人的主食之一。在亚洲的很多地方，人们在新年吃长长的面条以添寿添吉祥。在煮面条时不能弄断面条，只有到了你的嘴里才可嚼断面条。

250. 馅饼

馅饼在不同的国家有不同的含义。在有些地方，馅饼是指肉馅饼。但是如果想用馅饼招好运，那就是指水果馅饼了，有时候水果馅饼也被称为圣诞派。

有人给你馅饼是好彩头，绝不能不要，哪怕你刚才吃了一火车的馅饼。如果可以，在圣诞节的十二天的每一天都吃一个馅饼，每个馅饼带来一个月的好运。

251. 糖

糖或许对健康不好，却能带来好运。一旦觉得你需要好运，不论你在哪儿都可以在地上撒几粒糖。比如，要参加一个工作面试，你很想得到那份工作，可以在兜里装点糖，然后在办公楼的走廊里撒一些，甚至可以在你参加面试的办公室里多撒几粒。

只要撒几粒就够了，没必要走哪儿都撒一汤匙糖。没人会注意几粒糖，但是多了别人就可能会注意到，而这则会招来厄运，就不用说还会招来寄生虫了吧。

252. 圣诞布丁

以前，家家户户都做圣诞布丁，现在则很少有家庭做了，这有点悲哀，因为做布丁能给全家带来好运。家里的每一位成员都应该一边搅拌原料，一边许愿。应该顺时针搅拌布丁，愿望不能说出来。

有时候还会把银币放进布丁中以此为新的一年增财运。有时候会放进一枚戒指以催婚事。

第 11 章 远东地区的好运

亚洲人喜欢在周围摆放能带来好运的物品。中国有福禄寿三星，三星通常在一起，福指福气，禄指俸禄，寿指长寿。

中国人喜欢贴"福"字，而且通常是贴倒过来的"福"字，这是说"福到了"，因为"倒"的发音听起来同"来到"的"到"一样，所有人们喜欢将福倒过来贴，寓意"福气已到"。在中国，几乎任何事情都有美丽的传说，"福"也不例外。据说，倒贴"福"字的习俗来自清代恭亲王府。一年春节前夕，恭亲王的管家让仆人将大"福"字贴于库房和王府大门上，有个家人因不识字，误将大门上的"福"字贴倒了。为此，恭亲王福晋十分恼火，大管家怕受到惩罚，灵机一动说道："奴才常听人说，恭亲王寿高福大造化大，如今大福真的到（倒）了，乃吉庆之兆。"恭亲王听罢很高兴，非但没罚仆人，还赏了他五十两银子。

亚洲人很重视"命"和"运"。一个人的命运可以从他的生辰八字看出，当然了，一个人的命运除了取决于生辰八字外，还受到生存环境、性格、教育水平以及付出的影响。

如果你想运用本章推荐的方法，一定要有付出。如果你只是守株待兔，运气则会与你擦肩而过。

253. 蝙蝠

蝙蝠象征福运，因为蝙蝠的"蝠"音同"福"。两只蝙蝠相对象征双喜临门。红蝙蝠尤其吉祥，因为在东方，红色可以辟邪。蝙蝠旁边放一枚硬币，是"福至眼前"的寓意。

五只蝙蝠最吉祥，称为"五福临门"，这便是长寿、富贵、康宁、好德和善终。人们表达美好祝愿时也会说"祝您五福临门"。

254. 龙

中国有四大祥瑞生灵，统称四灵，分别为麟、凤、龟、龙，四灵可以在不同方面增添福祉。龙除了吉祥外，还象征力量、勇气、能力和坚韧。龙的图案可以增运，比如北京紫禁城大殿的墙、屋顶、门和家具上雕绘了几千条龙。

255. 凤凰

凤凰象征繁荣、太阳和美,给想要成家的情侣带来好运。人们经常在婚礼上用龙和凤的图案,既"龙凤呈祥"来祝福新人幸福和谐,多子多福。

256. 麒麟

第三种神兽是麒麟,主智慧、长寿、太平和仁慈,尤其能给子孙带来吉祥好运,健康长寿。

257. 龟

龙、凤、麒麟都是虚构的吉祥神物,但乌龟却是人间的动物,人们曾一度认为龟是不死的,所以龟象征长寿、健康和好运,能给人们带来健康长寿。

258. 福娃

中国人家里和公司的大门上都喜欢贴笑盈盈、胖墩墩的大阿福，因为大阿福能镇邪和降福。大阿福最初是用陶土做的，后来就变成大阿福像了。新婚夫妇喜欢在家里贴大阿福像。

259. 铜钱剑

中国传统的铜钱剑是用红线将铜钱穿成的，由于西方人对中国风水越来越感兴趣，铜钱剑遂成了西方很受欢迎的幸运符。铜钱剑起源于中国古时候的皇帝相信用新铸的铜钱穿成剑可以辟邪化煞。铜钱剑一般悬于床头，但是也可以悬挂在其他地方，可以招好运和财运。

260 风车

在中国，人们在春节期间买风车，因为这能带来一整年的好运。风车能扭转一个人的运势，能在一个人运势不佳时创造好运。

261. 十二生肖

在东方，中国的十二生肖已有几千年的历史了，寄托了人们的美好愿望。运在其中占了很重要的地位,你可以借助你的生肖来提升运气。每年的生肖如下。

猴——1920年2月20日至1921年2月7日。

鸡——1921年2月8日至1922年1月27日。

狗——1922年1月28日至1923年2月15日。

猪——1923年2月16日至1924年2月4日。

鼠——1924年2月5日至1925年1月24日。

牛——1925年1月25日至1926年2月12日。

虎——1926年2月13日至1927年2月1日。

兔——1927年2月2日至1928年1月22日。

龙——1928年1月23日至1929年2月9日。

蛇——1929年2月10日至1930年1月29日。

马——1930年1月30日至1931年2月16日。

羊——1931年2月17日至1932年2月5日。

猴——1932年2月6日至1933年1月25日。

鸡——1933年1月26日至1934年2月13日。

狗——1934年2月14日至1935年2月3日。

猪——1935年2月4日至1936年2月23日。

鼠——1936年1月24日至1937年2月10日。

牛——1937年2月11日至1938年1月30日。
虎——1938年1月31日至1929年2月18日。
兔——1939年2月19日至1940年2月7日。
龙　1940年2月8日至1941年1月26日。
蛇——1941年1月27日至1942年2月14日。
马——1942年2月15日至1943年2月4日。
羊——1943年2月5日至1944年1月24日。

猴——1944年1月25日至1945年2月12日。
鸡——1945年2月13日至1946年2月1日。
狗——1946年2月2日至1947年1月21日。
猪——1947年1月22日至1948年2月9日。
鼠——1948年2月10日至1949年1月28日。
牛——1949年1月29日至1950年2月16日。
虎——1950年2月17日至1951年2月5日。
兔——1951年2月6日至1952年1月26日。
龙——1952年1月27日至1953年2月13日。
蛇——1953年2月14日至1954年2月2日。
马——1954年2月3日至1955年1月23日。
羊——1955年1月24日至1956年2月11日。

猴——1956年2月12日至1957年1月30日。

鸡——1957年1月31日至1958年2月17日。

狗——1958年2月18日至1959年2月7日。

猪——1959年2月8日至1960年1月27日。

鼠——1960年1月28日至1961年2月14日。

牛——1961年2月15日至1962年2月4日。

虎——1962年2月5日至1963年1月24日。

兔——1963年1月25日至1964年2月12日。

龙——1964年2月13日至1965年2月1日。

蛇——1965年2月2日至1966年1月20日。

马——1966年1月21日至1967年2月8日。

羊——1967年2月9日至1968年1月29日。

猴——1968年1月30日至1969年2月16日。

鸡——1969年2月17日至1970年2月5日。

狗——1970年2月6日至1971年2月26日。

猪——1971年2月27日至1972年2月14日。

鼠——1972年2月15日至1973年2月2日。

牛——1973年2月3日至1974年1月22日。

虎——1974年1月23日至1975年2月10日。
兔——1975年2月11日至1976年1月30日。
龙——1976年1月31日至1977年2月17日。
蛇——1977年2月18日至1978年2月6日。
马——1978年2月7日至1979年1月27日。
羊——1979年1月28日至1980年2月15日。

猴——1980年2月16日至1981年2月4日。
鸡——1981年2月5日至1982年1月24日。
狗——1982年1月25日至1983年2月12日。
猪——1983年2月13日至1984年2月1日。
鼠——1984年2月2日至1985年2月19日。
牛——1985年2月20日至1986年2月8日。
虎——1986年2月9日至1987年1月28日。
兔——1987年1月29日至1988年2月16日。
龙——1988年2月17日至1989年2月5日。
蛇——1989年2月6日至1990年1月26日。
马——1990年1月27日至1991年2月14日。
羊——1991年2月15日至1992年2月3日。

猴——1992年2月4日至1993年1月22日。
鸡——1993年1月23日至1994年2月9日。
狗——1994年2月10日至1995年1月30日。
猪——1995年1月31日至1996年2月18日。
鼠——1996年2月19日至1997年2月6日。
牛——1997年2月7日至1998年1月27日。
虎——1998年1月28日至1999年2月15日。
兔——1999年2月16日至2000年2月4日。
龙——2000年2月5日至2001年1月23日。
蛇——2001年1月24日至2002年2月11日。
马——2002年2月12日至2003年1月31日。
羊——2003年2月1日至2004年1月21日。

猴——2004年1月22日至2005年2月8日。
鸡——2005年2月9日至2006年1月28日。
狗——2006年1月29日至2007年2月17日。
猪——2007年2月18日至2008年2月6日。
鼠——2008年2月7日至2009年1月25日。
牛——2009年1月26日至2010年2月13日。
虎——2010年2月14日至2011年2月2日。

兔——2011年2月3日至2012年1月22日。
龙——2012年1月23日至2013年2月9日。
蛇——2013年2月10日至2014年1月30日。
马——2014年1月31日至2015年2月18日。
羊——2015年2月19日至2016年2月7日。

猴——2016年2月8日至2017年1月27日。
鸡——2017年1月28日至2018年2月15日。
狗——2018年2月16日至2019年2月4日。
猪——2019年2月5日至2020年1月24日。

262．生肖运势

通过调整自己的生肖在家里的气场位置可以增强自己的运势。如果能增强生肖所在气场的正能量，可以提升自己的运势；但如果这个位置上是厕所或浴室则无法行好运。

你可以在某个方位放上你的生肖摆件从而激活这个方位的能量。如果可以，在生肖摆件旁边放上水晶和宝石。如果你愿意，也可以激活你办公室县全你办公桌上的这个方位。

每个生肖的罗盘方向：

- 鼠：352.5° — 7.5°
- 牛：22.5° — 37.5°
- 虎：52.5° — 67.5°
- 兔：82.5° — 97.5°
- 龙：112.5° — 127.5°
- 蛇：142.5° — 157.5°
- 马：172.5° — 187.5°
- 羊：202.5° — 217.5°
- 猴：232.5° — 247.5°
- 鸡：262.5° — 277.5°
- 狗：292.5° — 307.5°
- 猪：322.5° — 337.5°

263．桃花运

桃花指爱情。如果你想找到意中人，就需要催旺家里的桃花方位。

（1）牛、蛇、鸡的桃花运

如果你的生肖是牛、蛇或鸡，而你又想走桃花运的话，需要在家里的南方位置放一件马的摆件，这会催旺你的桃花运，祝你找到你的意中人。你需要仔细挑选你的马，它要看起来很迷人。如果你家的南方位置是浴室，就将马置于你卧室的南方。

（2）鼠、龙、猴的桃花运

如果你的生肖为鼠、龙或猴，你需要在你家的西方位置摆放一件鸡的摆件催旺你的桃花运。如果这个位置是浴室，就在你卧室的西方放一件鸡的摆件。

（3）兔、羊、猪的桃花运

如果你的生肖为兔、羊或猪，你需要在你家的北方位置摆放一件鼠的摆件催旺你的桃花运。鼠在西方文化中是负面形象，但是在东方却象征聪明机灵。如果这个位置是浴室，就在你卧室的北方放一件鼠的摆件。

（4）虎、马、狗的桃花运

如果你的生肖为虎、马或狗，你需要在你家的东方位置摆放一件兔的摆件催旺你的桃花运。如果这个位置是浴室，就在你卧室的东方放一件兔的摆件。

264. 梅花运

梅花运可以和桃花运一道起作用。梅花运是用来找相伴一生的人。至少找一幅象征爱情观和婚姻的画作、图片或物件，两个或更多更好，最好这里面有成对的，比如一对鸽子。最重要的是选择你喜欢的物件。

将这些物件放在你家的西南方位，不要让它们染上尘埃，每天至少同它们讲一次话，一直坚持到你生命中那个重要的人出现为止。

265. 牡丹

牡丹在春天开放，象征荣华富贵，也象征爱情和女性之美。盛开的牡丹象征幸福吉祥。牡丹在中国艺术中是很常见的题材，人们全年都可以悬挂盛开的牡丹图。

266. 菊花

菊花开在秋天，象征欢乐幸福，但是主要的象征意义是生活更平和顺畅，所以菊花也是幸运花。中国的各种节日都喜欢摆放黄灿灿的菊花以营造浓浓的喜庆气氛。

267. 莲花

莲花开在夏季,因其出淤泥而不染的品质,象征纯洁,也象征灵性、清净与安闲。

268. 木兰花

木兰花象征积极、希望、心愿、对未来的憧憬,以及女性的甜美。

269. 兰花

兰花象征高贵优雅、爱情和友情,以及美德,常用于中国的婚礼上,以寄托美好的祝愿。

270. 桃子

在中国文化中,桃子象征长寿,以及对长生不老的渴求。在中国的神话传说中，寿星出自桃子。人们喜欢赠送寿星捧桃图，尤其是送给家中年长者作为礼物。

271. 橘子

橘子象征幸福吉祥和财富。中国人在春节期间喜欢在家摆放橘子，互赠橘子以求吉利。橘子和财富有关，因为橘子圆圆的、金黄色的外形像金币。还有"橘"和"吉"音很相近。

272. 石榴

石榴因其多子象征儿孙满堂的大家庭，而且子孙都能光耀门楣。石榴是三种能带来富贵繁荣的水果之一。咧开嘴的石榴图是很受欢迎的新婚礼物。

273. 柿子

柿子象征欢乐、幸福、财源滚滚、好运连连。柿子和柑橘放在一起的寓意是"祝你事事如意"。所以，柑橘柿子图也是很受欢迎的赠送礼物。

274. 财运

用一条十二英寸的绿线缠你的小拇指五次，男性缠左手，女性缠右手，顺时针缠，小拇指不要指着自己，最后在线上打个结。什么时候打的结湿了，就换一条线。这个线戒指可以为你带来好运，主要是财运。

275. 你的幸运朋友

中国的十二生肖四个一组，分成三组。生肖属于同一组的人彼此受益，并给对方带来好运。同一组的三个生肖都是你的强大盟友、导师和密友，而同一组的第四个生肖会成为你的"秘密朋友"，所谓秘密朋友是指你刚开始并没有把他（她）当朋友，但是在后来的相处中，他（她）却是你真正的朋友。

只要有同一组属相的人进入你的生活中来都是好事。有个公式可以区分谁是你的盟友，谁是你的秘密朋友。

和你同一组的是四个分开的属相,十二生肖按照下面的顺序循环。

(1) 鼠

(2) 牛

(3) 虎

(4) 兔

(5) 龙

(6) 蛇

(7) 马

(8) 羊

(9) 猴

(10) 鸡

(11) 狗

(12) 猪

按照这个顺序我们可以看到鼠的盟友是龙和猴,而鸡的盟友是牛和蛇。

秘密朋友的顺序和上面的不同,为:

(9) 猴;(8) 羊;(7) 马;(6) 蛇

(10) 鸡;(5) 龙

(11) 狗;(4) 兔

（12）猪；（1）鼠；（2）牛；（3）虎

在第一排，猴和蛇是秘密朋友，羊和马是秘密朋友。

在第二排，鸡和龙是秘密朋友。

在第三排，狗和兔是秘密朋友。

在第四排，猪和虎是秘密朋友，鼠和牛是秘密朋友。

十二生肖的各自幸运生肖为：

鼠——龙和猴，秘密朋友为牛；

牛——蛇和鸡，秘密朋友为鼠；

虎——马和狗，秘密朋友为猪；

兔——羊和猪，秘密朋友为狗；

龙——鼠和猴，秘密朋友为鸡；

蛇——鸡和牛，秘密朋友为猴；

马——虎和狗，秘密朋友为羊；

羊——兔和猪，秘密朋友为马；

猴——龙和鼠，秘密朋友为蛇；

鸡——蛇和牛，秘密朋友为龙；

狗——马和虎，秘密朋友为兔；

猪——羊和兔，秘密朋友为虎。

你可以通过在家里摆设你盟友和秘密朋友生肖的摆件来

提升这方面的运气。你也可以戴有四种动物的幸运手镯：你自己的生肖，你两位盟友的生肖以及你秘密朋友的生肖。

276.鱼和你的职业

几千年来，鱼一直被视为好运的象征。古代的中国人观察到鲤鱼跃过瀑布，跳到要产卵的水塘，认为鱼象征激流勇进。

你可以用鱼缸激活你的事业运，鱼缸应放在客厅的北面，或者任何你待得较久的房间。重要的是你要照顾好鱼缸，保证水是流动的，不是死水。如果鱼缸很大，应该在里面放九条鱼，其中八条是金色的或红色的，第九条是黑色的，这条黑色的鱼可以吸走你所有的厄运。如果鱼死了，说明它吸收了你的厄运，应该尽快放进一条新鱼。

277.马和你的职业

过去，马象征识途、升迁和地位的上升。所以要想增强你的事业运，不妨在你家的客厅或卧室的南方挂一幅马的图画，当然也要照料好这匹马，不能让上面有灰尘。也有人相信在马上放一只猴子可以提升好运和前途。

278. 激情和运气

红色富有感染力,中国人喜欢用红色的牡丹来重新点燃在长期关系中失去的激情。如果你想有更多的床笫之乐,可放一瓶牡丹,或者在墙上挂牡丹图。

红色可以激发激情,在你卧室布置一些和你卧室格调一致的红色摆设,然后期待结果吧。

279. 幸运水果

桃子、橘子、石榴和柿子是四种幸运水果,四种水果分别代表不同的好运。

桃子象征婚姻和长寿,中国的寿星据说就来自桃子,寿星捧桃是很常见的吉祥画。

橘子象征富贵、幸福、吉祥。橘子的形状和颜色都让人联想到金子,在春节期间,人们喜欢在家摆放橘子,以及互赠橘子。

石榴因其多子象征多子多福的大家庭。

柿子象征友谊、幸福、快乐和好运，它让生活变得顺畅。

280. 弥勒佛

弥勒佛在西方又被称为笑佛，因为他总是腆着大肚子，笑眯眯的。弥勒佛通常是陶瓷做的，但有时是用玉、象牙或木头雕刻的。看见弥勒佛会让你每天都笑呵呵的，没有烦恼。还有一种说法，如果每天都能摸摸他的大肚子，你会行好运。

281. 生日

在中国，生日一般是当天过或提前过，过了生日再过不吉利。有的岁数的生日不过，因为不吉利。对女性来说，不能过的生日有30岁、33岁和66岁，因为据说接下来一年会很不顺利，所以在中国，女性有两年的时间都是29岁。快到33岁时，女性要买一块肉，然后切成33块，这意味着坏运气都转到了肉里，然后把肉抛掉。女性快到66岁时也可以这么做，她的女儿（没有女儿的话就是近亲女性）一定要买块肉，切成66块后把肉扔掉。

对中国男性来说，危险年龄是40岁，所以男性不过40岁生日，中国男人有两年时间都是39岁。

其他的生日都是吉利的。

282. 中国农历新年

中国的新年一般持续十五天，但是现在一般只有三天了，这是合家团圆、庆祝新年的时刻。年前非常忙碌，要买新衣，还旧账，彻底打扫家里，这些都不能在新年期间做，因为这会把家里的好运扫走或倒掉。

过去人们用桃枝辟邪，现在依然有人这么做，但是也有人用桃枝招好运。家里没有金橘树的，也要在年前准备好，因为金橘让人联想到金子，所以金橘树就被看成摇钱树。桃树或金橘在新年期间开花或含苞待放是吉兆。所有花匠竭尽所能确保他们培育的植株在新年期间能开花。

中国人喜欢在新年期间互换礼物，这等于互换好运，用茶、芝麻糖、瓜子、蜜饯、糯米饭招待客人。客人会带走一些糖果，留下一个红包，因为红色在中国是吉利的颜色，红包寓意"利市"。

第 12 章　民间传说与好运

生活充满了艰难险阻，不管这些艰难险阻是真实发生的，还是想象出来的，因而有了很多民间做法用来招好运，有的做法在 21 世纪的人看来很愚蠢，但是只要人们对未来心生忧虑，他们就会尝试一些方法来增强运势。

我桌子上放着一颗橡子，这是我外孙女几年前给我的，自此后我一直把这颗小橡子当成幸运符。有时在散步的路上看到橡子，我会捡起一颗放在口袋里，放一两天，因为我对小橡子心存感激，感谢它带给我的好运。这个带有仪式意味的小动作让我觉得很开心，并让我相信我会对隐匿的机会更敏感。我还做诸如画十字架、敲木头等小动作。这样做到底有没有用，谁知道呢，但是这有可能让我更好运。

选择一两种本章列举的做法，坚持几天，看看这样做有没有改变你对待生活的态度。我的一位朋友把幸运数字写在名片背面，并且把名片放在一打开钱包就能看到的地方。每次看到名片上的幸运数字，他都受到鼓舞，也因此觉得自己很幸运。

我的另一位朋友的钱包里放着一张菊花的图片，菊花是她最爱的花卉，不论她何时看到菊花，总能让她想到她在花园里度过的欢乐时光，这也让她觉得自己很幸运。

283．橡子

橡子历来被视为吉祥物，因为橡树的生命期长，人们相信如果带一颗橡子当护身符可以让他们感觉年轻，并能长寿。有一种迷信说法认为如果在窗台上放橡子，哪怕只有一颗，就可以保护房子不被雷劈。这种迷信说法源自有一次挪威雷神索尔在橡树下躲雷暴雨的传说。

橡子很多，又容易放在衣服口袋或小包里，所以不管你信与不信，随身携带一颗以增好运可能是个不错的主意。

284．十指交叉

每当人们开始新的事情，喜欢十指交叉以求好运，这种做法全世界都存在。我记得我还是个孩子的时候曾在后背交叉十指，因为我说了谎，希望这样做可以消除我的谎话。人们一般是在说谎时交叉十指，相信这样魔鬼妖怪就不会找到他们了，有人在经过坟地时交叉十指也是出于同样的原因。

285. 钓鱼

如果你想在外出钓鱼时有好运，要在甩出诱饵之前先往诱饵上吐口唾沫。钓鱼时不要换钓渔竿，这样不吉利。当然了，如果你的渔竿坏了，你就得换渔竿了。把渔竿放在合适的水域很重要，如果渔竿很轻，就要放在鱼的大小适合渔竿的水域。迎风钓鱼很吉利。

垂钓的人喜欢把第一条钓上来的鱼扔回水里，因为这样会有好运。一群人去钓鱼，第一个钓到鱼的人一整天都会行好运。

286. 敲木头

敲木头或摸木头是英国一个非常古老的求好运的传统。在异教徒时代，人们认为神灵住在树里，因而树是有灵性的。所以人们向树寻求保护，在干旱时向树求雨，甚至相信树可以为不孕的夫妇带来孩子。

敲木头是在和神灵或树神沟通，寻求保护。现在我们敲木头不是求好运，而是求保护，承认运气对我们的成功很重要。

287. 捡起好运

碰到纽扣、四叶草、硬币、马蹄铁、铅笔、大头针、有邮戳的邮票、黄丝带、任何紫色的东西都代表好运。从交好运的角度看应该捡起这些物品，如果你没有捡起，那好运还是在这些物品上面，并且会传给第一个捡起它们的人。

如果你捡到的硬币正面朝上，说明好运加倍。

288. 幸运大头针

看到一个大头针并捡起来很吉利，也有老话说会好运一整天。然而并不是所有的大头针都能带来好运，只有普通的直的大头针和别针才能带来好运。如果你看到的大头针的针头在外，说明好运已全跑光了。见到大头针可能是吉利的也可能不吉利，这要取决于具体的情形。因为大头针的尖很尖利，所以还是很危险的，说明大头针既可以保护你，也可以伤害你。

如果你外出时看到地上有一根大头针，只要大头针的针尖没有对着你，都应该捡起来，这能带来好运。但是如果针尖对着你，捡起大头针就等于捡起了忧愁。

289. 乔迁

搬家也有很多传统。手拿面包和一碟盐在每个房间走一遍可以给新家带来好运；不能把旧扫帚带进新家，因为这会招来霉运；新扫帚可以带来好运。搬家最好的日子是星期一和星期三。

290. 幸运的衣服

穿蓝色的衣服最吉利，因为天堂是蓝色的（天堂在天空中），蓝色可以驱走负能量。传统上新娘会穿点蓝色的东西以求吉利。

291. 幸运戒指

用一截线就可以做一枚很有用的幸运戒指。将线系成一个圈象征戒指，放在口袋或钱包里，每次打开钱包或掏口袋时就摸摸这枚线戒指，你会交好运的。

如果你的进步没有你预期的快，换一下手上戴的戒指，按照民间说法，你的运气很快就会提升。

292. 穿衣打扮

早上起床穿衣时应该先穿右脚的袜子，穿衬衫时也要伸右边的袖子，这样可以一天都顺利。民间有穿裤子先穿右腿的男人是一家之主的说法，穿裤子先穿左腿的男人是妻管严，家里的成员也不会尊重他，穿裤子时同时穿两条腿则会交好运。

偶尔将衣服穿反是好事。这种说法要追溯到威廉一世，在黑斯廷斯战役之前，他将锁子甲穿反了，他的大臣很紧张，因为这不是个好征兆，但是威廉一世安慰他的大臣说这是个好兆头，预示他要从公爵变成国王了。偶尔穿了双不成对的袜子也是好事，但是要想一天都好运，需要一直错穿下去。

293. 除夕夜

世界各地在除夕夜有很多庆祝祈福的传统，比如，在玻利维亚，人们在午夜吃十二颗葡萄；在苏格兰，人们认为在除夕夜第一个跨过门槛的人预示着一家人来年的运气，因此在除夕的午夜最好的来客是带着一枚硬币、一块煤、一小块面包的深色头发的人，如果客人还带来一瓶威士忌酒就更吉祥了，这象征钱、食物和温暖。

还有一种说法，在除夕夜喝完一瓶酒的人在来年会行好运。橱柜里放满食物和饮料象征家里在来年不缺吃、不缺喝。所有的旧账都应该在除夕夜前还上，这预示着来年不欠账。

守岁是个很普遍的传统，通常是说除旧岁迎新年，在西方教堂会敲响钟声。守岁迎新年的做法最初是为了赶跑妖魔鬼怪，所以除夕的庆祝活动一定要热闹。

294. 新年穿新衣

新年穿新衣，好运一整年。红色的衣服很吉祥，同时说明来年你会添更多新衣。

295. 生于1月1日

1月1日据说是一年中最幸运的日子，如果你的生日是

1月1日，这说明好运始终与你相伴，当然如果你鲁莽冒险，这种说法可就不好用了。

296. 树下跳舞

还有一种寓意吉祥的迷信说法，新年围着树跳舞可以带来一整年的好运，一定要室外的树才可以，室内的圣诞树则不行。

很多年前我认识一位女士，她在冬天把盆栽植物移入室内之前会围着盆栽植物跳舞，她相信这样会为她和她的植物带来好运。

297. 摸一摸，好运来

大部分人都相信摸一摸弥勒佛的肚子可以沾好运，人们可能都没意识到弥勒佛是佛，实际上弥勒佛是一千一百年前的一位古怪的中国和尚。

摸一摸谢顶男人的秃头也可以招好运。我认识一位谢顶男士，他很不喜欢但还是忍受别人的这个举动，因为他相信别人摸他的头也会给他带来好运。其他的朋友反馈说喜欢别人摸他们的秃头，因为这是对他们特殊的关注。底特律老虎队的投球手贾斯汀·韦兰德就摸过球队教练道格·泰特的头。

摸一摸名人的雕像据说也可以招来好运，鼻子和脚是最吉祥的部位。

"摸"这个动作还有另一层意思，人们喜欢坐在幸运儿旁边，希望可以摸来一些好运，沾到自己身上。

298. 接住一片落叶

接住一片落叶等于接住了好运的做法在全世界通用。需要把接住的落叶保存好，这样好运才不会飘走。

299. 流星

如果一对恋人同时看到流星这是最幸运的事，看到流星要立刻许愿。流星对游客、身体不好的人、寻找伴侣的人来说也是吉兆。佩里·科莫的那首《抓一颗流星》由保罗·万斯和李·鲍克里斯创作于1957年，因为它积极的格调，这么多年过去了，这首歌依然流行。

300. 在鞋子里放一枚硬币

在一只鞋子里放一枚硬币可以招好运,尤其是这枚硬币的年份是你的出生年份。

301. 银币和新月

在新月之夜在你的左手放两枚银币可以招好运,在新月之夜,一边注视新月,一边用右手抚摸左手中的银币。

302. 毛毛虫

毛毛虫象征好运。捡起一只毛毛虫,从你的肩膀旁扔出去,就会激活你的好运,这对毛毛虫可不是什么好事,但是对扔毛毛虫的人却是好事。

303. 从左到右

丘吉尔喜欢喝香槟,在重要时刻,他面前总会放一瓶冰镇香槟,丘吉尔给自己倒一杯,再给能够得着的杯子倒酒,然后就把香槟传到他的左边，让大家自己倒酒。

把酒瓶从左边传递下去很重要，因为迷信说法是从左边传吉利，从右边传不吉利，这是因为在北半球，如果你面向南，太阳是从左边运行到右边。

304. 手指被刺

如果你在生日当天手指不下心被刺了一下，让三滴血滴在一块干净的手帕上，然后随身带着这块手帕，你就会走好运。

305. 幸运彩虹

见到彩虹是吉象，因为据说彩虹连接自然界和超自然界。在英国，见到彩虹很幸运，但是不能用手指彩虹，这样会招来厄运。

世界上很多地方都有这样的传说，在彩虹的两端埋了金子，即使没有金子，彩虹和地面的交界处也是吉祥之处。彩虹两端埋金子的说法说明彩虹能给人们带来好运，能见到彩虹的两端会更幸运。有人看到彩虹会许愿。

有一则挪威传说，彩虹是将灵魂领进天堂的桥。在欧洲的一些地方，人们相信夭折的孩子会沿着彩虹走向天堂。

《圣经》里说上帝创造出彩虹，以示他对诺亚做出的绝不再用洪水毁灭人间的许诺（《创世记》9:12–13）。诺亚在洪水快退却时在方舟上看到了彩虹，人们相信彩虹的出现说明上帝不会再用洪水淹没人间。

1978年，吉尔伯特·贝克为旧金山的同性恋者在自由日的大游行绘制了一幅彩虹旗，很快彩虹旗成了全世界同性恋的旗帜，并于1986年获得了国际旗帜联盟的认可。

306. 喷嚏

很多人都不知道打两下喷嚏象征好运，打一下和打三下喷嚏都不好。过去人们相信灵魂会在打喷嚏时离开身体，说"上帝保佑"或者"身体健康"可以保护人的灵魂重回身体，可以给说的人和打喷嚏的人都带来好运。

病人打喷嚏也是好兆头，这说明病人正在康复。小孩打的第一声喷嚏也象征好运，因为过去人们相信笨小孩不会打喷嚏，所以，小孩第一次打喷嚏，可让家长大大地松口气。

家里的猫打喷嚏也象征好运。两人同时打喷嚏也是好运。

307. 指甲上的白斑

指甲上的白斑象征好运和财运。英语里有句顺口溜：

> 点点白斑，好运连连；
> 落在大拇指，好运跑不掉。

最早提到指甲上的白斑的文字记载出现在13世纪的犹太教神秘主义典籍《光明篇》中，但是据说《光明篇》的出现还要早几百年。

308. 幸运数字

有些数字是幸运数字，古老的数字命理学用一个人的出生日期来预测一个人的未来，这说明人们很关注幸运和不幸。

如果你的出生日期之和能被7整除，你会好运一生。

如果有人问你的幸运数字，你很有可能说的是奇数。除了13，奇数比偶数更好运。两千多年前，维吉尔（前70—前19）在《牧歌》中写道："上帝喜欢奇数。"中国的塔的层数一般都是奇数，因为奇数层的塔可以给塔所在的地区带来吉祥。

大部分的幸运数字都是个位数，但是也有人选11或22，因为在数字命理学中这两个数字被称为主数。

309.1

1是幸运数，因为1让人想到上帝和太阳，象征生命和创造。据说每个月1日出生的人比其他日子出生的人更幸运。

310.2

2是幸运数字，因为2象征和谐、平衡和两性，2是由两个1组成，所以象征一对，比如男人和女人，爱情和婚姻。

311.3

3是幸运数字。希腊哲学家和数学家毕达哥拉斯（前580—前500）认为3是完美的数字。希腊女预言家皮亚是坐在三条腿的小凳子上进行预言的。3象征出生、生长和死亡。基督教认为3象征三位一体。在中国，新月的第三天是最吉祥的。三角形有三条边，是个可以辟邪的有魔力的符号。很多仪式需要重复三次。也有"事不过三"的说法，以及"三次欢呼""三个愿望""三振出局"等。

312.4

4是最吉祥的偶数，因为很多重要事情都和4相关，比如四方、四福音、四福音书作者、塔罗牌中的四大元素、扑克牌中的四种花色。最基本的四大元素是火、土、气和水。有春、夏、秋、冬四季，以及对应的四种状态寒、热、湿、燥。

313.5

5成为幸运数字，可能是因为每只手有五只手指，每只脚有五只脚趾。古希腊人和古罗马人认为5是幸运数字，把五角星当成护身符。在罗马人的婚礼上，客人被分成五人一组。《圣经》里提到过十童女，五个聪明，五个愚笨。东方哲学中有五大基本元素：金、木、水、火、土。

314.6

6象征创造，因为上帝用了六天的时间创世，在第七天休息。因为6是1+2+3的和，所以6也是完美的数字。每个月的第六天出生的孩子据说有先知的天赋。对不诚实的人来说，6是不吉利的数字。

315.7

古希腊人认为7是完美的数字，因为7是三角形和正方形的和，而三角形和正方形是最完美的形状，古希腊人还注意到月亮的变化周期是七天。一周七天，七宗罪，七大奇迹，人类肉眼能看到五大行星外加太阳和月亮，彩虹有七种颜色。7是质数。如果一个人排行老七，那么他的第七个儿子据说有天眼，还有治愈能力。日本民间传说中有七位吉神。伊斯兰教认为上帝住在第七重天，当人们欣喜若狂时会说自己在"七重天"。

据说有七封带有自己名或姓的信会很幸运。7尤其是赌徒的幸运数字。

316.8

毕达哥拉斯学派认为8是稳定可靠的数字。8象征埃及神话中的月神透特,他将圣洁之水洒在皈依他的信众的头上。8是求财人的幸运数字。在中国8始终是吉祥数字,因为8的音同"发",888是最好运的数字,因为这意味着"发,发,发"。

317.9

9是幸运数字是因为9是3乘3的积,而3本身就是幸运数字。因为怀孕期是9个月,所以9也象征生育。9也有很多说法,比如猫有九条命,以一顶九。

318.10

几千年来,10都是幸运数字。人有十个手指和十个脚趾，所以 10 也象征圆满。亚里士多德认为 10 是一切之和。毕达哥拉斯学派认为 10 象征一切的开始，10 还指十角星。犹太教认为 10 象征圆满，这也是为什么上帝传达给摩西《十诫》。在中国，十象征平衡。

319. 11

在数字命理学里，11 是个幸运数字，会让人在身体和精神方面都有所发展，接着还会用自己的事迹激励别人。

320. 12

在古代天文学和占星术中，12 都象征空间和时间，所以有黄道十二宫，一年有十二个月，白天和黑夜都有十二个小时，中国有十二生肖，在古希腊，有十二神统治奥林匹斯山，在犹太教和基督教中，十二年都是一个重要的阶段，雅各的十二个儿子成了以色列的十二个支派，牧师的护胸甲上有十二枚宝石，基督有十二个信徒，基督徒庆祝圣诞节的时间为十二天。

12 是和时间有关的幸运数字，比如十二小时，十二天，十二周，十二月，十二年。

321.13

事情的演变过程很有意思，现在13是最不吉利的数字，但是在过去，情形正好相反。过去有种说法，任何出生在一个月的第13天的人都是周围人的幸运儿。

在犹太教的传统中，男孩到了13岁要行首节礼。正统的犹太教祷告文中都有"13条基本教义"，讲的是上帝的13个特点。

美国国旗上有13条，象征最初的13州。美国的国玺放在一元美钞上面，这可有好几个13，鹰的胸前纹章上有13条横纹，左爪抓着13支箭，右爪抓着一根橄榄枝，橄榄枝上有13片叶子和13枚橄榄果。鹰的头上有由13个星星组成的圆环，鹰的喙上的拉丁文（E Pluribus Unum）有13个字母。所有的13都跟最初的13个州有关，象征重生、万象更新和一个新世界。

非常迷信的赌徒反而认为13是吉利的数字，13是个吉利的赌博数字，尤其是在13号的周五晚上。

322. 22

22 有时被数字命理学称为建筑大师，因为 22 可以给选择这个数字的人巨大的造福人类社会的潜能，之所以说是潜能，是因为这需要掌控 22 蕴含的能量。

323. 豌豆荚

大部分人都是买豌豆，而不是自己种豌豆，结果错失了一种可以招来好运的方法。如果你在剥豌豆时，碰到只有一颗豌豆的豌豆荚，会好运一整月。如果一个豌豆荚里有九个豌豆，你会好运一整年。如果你剥的第一个豌豆荚就只有一颗豌豆或九颗豌豆，好运加倍。

324. 许愿骨

如果你在吃鸡时很幸运地碰到一块许愿骨，可以许个愿，立刻用你的小指勾住许愿骨的一端，然后将另一端对着你旁边的人，如果旁边的人也用小指勾住许愿骨，一起扯断，同时默默地许愿，那么拉到大头的人愿望可实现。

你也可以将许愿骨拉向一边，让它自然风干，然后重复上面的步骤就可以了。重要的是你不是把这事当儿戏。拿着许愿骨时不能笑或者说笑话。直到你的愿望实现了，你才能说出来。叉骨，又称许愿骨，是鸡或龟身上的一块小骨头，是非常吉利的幸运符。在扯幸运骨时，两个人都要许愿，得到带有中间部分的那个人会实现自己的愿望。另一个人近期内也会有同样的好运气，不过这一点较少为人知。

325. 康乃馨

康乃馨是一月出生人的幸运花，被视为女性的爱情。古老的传说认为康乃馨出现在大地是为了庆祝耶稣的诞生，这只是个美好的故事，因为有证据表明康乃馨在耶稣出生前就普遍存在了。还有一种迷信说法认为康乃馨出现在情人的墓旁，因此，康乃馨通常用在葬礼的花圈上。说点积极的吧，康乃馨可以让抑郁的人重拾生活的乐趣。

326. 紫罗兰

紫罗兰是二月出生人的幸运花。关于紫罗兰的起源，古希腊人有好几种说法,有一种说法是,一天俄耳甫斯将他的竖琴放在了地上,等他再捡起来时发现放琴的地方长出了一丛紫罗兰。拿破仑·波拿巴很喜欢紫罗兰,在他被放逐时还在他的勋章上戴了一朵紫罗兰,因为这个,在滑铁卢战役之后的数年时间里紫罗兰在法国都是被禁止的。

327. 水仙花

水仙花是三月出生人的幸运花。19世纪,威尔士人把水仙花当成是他们的象征。华兹华斯的那首著名的《水仙花》就是受到水仙花的美有感而创作的。中国人在过年时会摆放水仙花,以象征吉祥好运和富裕美满。

有一个古老的传统认为家里第一次在初春时节看到水仙花的人会在接下来的一年都行好运。家里放很多株水仙花很吉祥,但是只有一株水仙花就不好了。

328. 雏菊

雏菊是四月出生人的幸运花。按照民间说法,雏菊象征天真、纯洁、心灵的宁静。有种说法是新婚夫妇想要小孩的，妻子应该在左脚的袜子里放一朵雏菊。现在的孩子们还喜欢一边揪着雏菊花瓣，一边说"他（她）爱我，（她）他不爱我"，来验证那个人是不是真的爱他们。虽然雏菊普通得不能再普通了，但是送给生命中有特殊意义的人一朵雏菊象征真爱。雏菊也是热恋情侣们的幸运花。

329. 铃兰

铃兰是五月出生人的幸运花。一个古老的传说认为铃兰是夏娃在离开伊甸园时掉落的眼泪变成的。在爱尔兰，人们相信铃兰是个小梯子，仙女在梯子上爬上爬下，摇响铃铛。

基督徒将此花献给圣母玛利亚，所以铃兰又象征纯洁。在英国，铃兰还被叫作"夫人的眼泪"。

铃兰除了能招来好运，据说还能让最悲伤的人振作起来。

330. 金银花

金银花是六月出生人的幸运花。中国人把金银花当成能强力去除体内毒素的草药。在亚洲的很多地方，金银花象征长寿，因为金银花的藤茎缠绕在一起，似乎没有尽头。在欧洲，金银花象征爱和保护，在花园里种一棵能招好运，如果把金银花瓣放在室内则可以招财。

331. 睡莲

睡莲是七月出生人的幸运花。幸运竹是睡莲的一种，在西方尤其受欢迎，因为据说可以为家里招财添吉祥。

332. 剑兰

剑兰是八月出生人的幸运花。花匠喜欢剑兰，因为剑兰四季常青，好栽培，可以开出繁茂的花。剑兰被耶稣称为"田间的百合"，因为剑兰在圣地成片成片地盛开。剑兰可以让人变得坚毅，并能帮人寻找伴侣。

333. 牵牛花

牵牛花是九月出生人的幸运花。民间巫术认为牵牛花能带来自信、力量、成功和好运。牵牛花的根被称为倒霉蛋的克星约翰，据说摸摸牵牛花也能为赌博和爱情带来好运。

334. 金盏花

金盏花是十月出生人的幸运花，也能为金钱方面的事情，尤其是赌博带来好运。赌徒会把金盏花的花瓣放在一个小袋子里，并将小袋子放在枕头下，这有助于做灵验之梦，包括梦到幸运数字。过去人们用金盏花叶子编成的花环挂在门上来辟邪。金盏花的气味让人们以为他们已获得了取得成功所需的一切才能。

335. 菊花

菊花是十一月出生人的幸运花。菊花在古希腊和古埃及都很受欢迎，在日本和中国则一直很受欢迎。在日本，大勋位菊花章是人们能收到的最高荣耀。在中国，菊花象征长寿和完美。饮菊花水据说很吉祥，因为这样可以让人生活得安逸并长寿。菊花花瓣也是常见的沙拉菜的装饰品。

336. 水仙花

水仙花是十二月出生人的幸运花。因为一个叫水仙的年轻人的传说，几千年来，水仙总是和以自我为中心、自恋联系在一起。水仙只爱他自己。一天他欣赏自己在池塘中的倒影，他摸了摸水中的自己却掉入水中。他的尸体被发现时，他已变成了一朵水仙花。尽管故事结局悲惨，但是水仙可以为十二月出生的人以及追寻自己目标的人带来好运。

337. 冬青树

在古罗马，冬青象征友谊，在寒冬时节赠送朋友，以示友好。在北欧，人们在门上挂冬青用来招好运，人们相信躲在冬青树里以抵御寒风的树精会保护自己的家。

冬青还和基督教联系在一起，这是因为人们相信基督戴的刺冠就是用冬青做的，基督徒还相信冬青果最初是黄色的，后来变成红色的，以象征耶稣的血。

冬青除了象征圣诞节，还可以保护家庭，给家人带来好运和幸福。

338. 桃金娘

希腊人将桃金娘献给阿芙洛狄忒，因为桃金娘象征爱情。在罗马，桃金娘丛环绕着维纳斯神庙。桃金娘在威尔士也象征爱情。夫妻俩将桃金娘种在房子的两旁可使爱情长久，家庭和睦。在英国，桃金娘则象征好运。

339. 新手的运气

有迷信说法认为不管哪个行业的新手总是特别好运，是不是这样不确定，但是按照均衡法则，新手的特别好运也只是暂时的。英国足球有项传统，热身活动的最后一环是球队年龄最大的一名队员将球传给年龄最小的一名球员，这样新手的好运会传给球队的每一名队员。

340. 呼吸

呼吸总是和精灵相关，在古代，"呼吸"这个词也有"精灵"的意思，希伯来文中的"ruach"，德语中的"pneuma"，拉丁语中的"spiritus"皆如此。几千年前人们闻某样东西以求好运，几千年后的今天人们依然这么做。赌徒经常吹纸牌或骰子以求好运，买彩票的人们吹彩票也是同样的原因。

341. 美好祝愿

几千年来人们一边往池塘、泉水、水井和喷泉里扔硬币一边许愿,这样做是因为水对生命不可或缺,水源总被看成是神圣的,人们相信有神灵和天神看管水源。人们向这些神灵祷告和祭祀以求好运和财富。

342. 好运加倍

最近我去英国又知道了一个传统。有一天我和两位朋友一起走在乡间小路上,碰巧看到路上有一枚十分钱的硬币,就弯腰捡了起来,我站起来时,其中一位朋友又给我一枚硬币说:"好运加倍哟!"如果有人在你捡起一枚硬币后立刻给你一枚同样面值的硬币,不用说,你的好运加倍了。我专门买了一个小包放这两枚硬币,每次我一想到口袋中的这两枚硬币,都对自己说:"好运加倍!"

343. 打牌

有句古话:情场失意,赌场得意。反过来说也可以。如果你打牌不顺手的话，可以在洗牌时往牌里吹口气。

如果你抓到了一张幸运牌，可以在出牌前用食指摸摸这张牌。

344．扫烟囱

朱莉·安德鲁斯在《欢乐满人间》中唱"扫烟囱好运歌"的几百年前，人们就认为扫烟囱的人所到之处皆有好运。此项传统始于18世纪的英国，当时一个扫烟囱的人将国王从脱缰的马上救了下来。在国王有时间感谢这个扫烟囱的人之前，他就消失于人群中了。据说被救的国王是乔治三世。亲吻或者和扫烟囱的人握手都非常吉利，且能带来幸福美满的婚姻。新娘在去婚礼的路上如果看到了一个扫烟囱的人非常吉利。在英国，可以雇用一个扫烟囱的人在合适的时间合适的地点出现在新娘去婚礼的路上。

345．幸运圈

圆环总是象征完满、完整、完美和好运，这可能和太阳在空中的轨迹相关。

因为圆环象征幸运,所以人们就想恶魔不敢钻过圆环,所以人们就用花环、戒指等圆形的物品来祈求保护,口红就与此相关,因为人们认为恶魔是从口进入人的身体的,人们就在口上画一个红色的圆圈来寻求保护。

346. 幸运羽毛

找到一片羽毛象征好运,应该捡起来并插到地上。如果发现的是一片黑色的羽毛则好运加倍。很多人相信白羽毛来自天使,同时象征保护和好运。如果你发现了一片白羽毛不妨当作幸运符保存起来。

347. 铁

铁从史前时代开始就被当成幸运物了。人们观测到流星划过天空落到地上,这样的金属一定来自天堂,用这种陨铁打造的武器犹如神谕。穿上用这种铁打造的武器的士兵轻而易举就可以击败没有这种金属武器的士兵。这更使人们坚信铁有魔力、能带来好运、无坚不摧。

时至今天,有些人依然在门垫下放诸如小刀之类的铁质物品，相信这样可以保护全家，并为家里带来好运。

348. 树叶

有树叶飘进你家是好运，但是把落叶带进家里则不好。

抓住从树上飘落的树叶也是好运，要在树叶落地之前接住，接住的一片落叶象征一个月的好运。

349. 橘子

橘子是幸运水果，有民间说法如果一个年轻男子给她的女朋友一个橘子，那么他们的爱情也会变得甜蜜蜜。

橘花象征繁茂多产，最早是由参加十字军东征的士兵带回欧洲的。用橘花装扮新娘的传统最早起源于法国，于19世纪早期被引进英国。白色的花瓣象征纯洁，果实象征硕果累累，所以新娘戴橘花象征婚姻幸福，多子多福。

350. 鼠尾草

鼠尾草成为幸运草的原因有很多，据说鼠尾草可以改善记忆力，避开邪恶之眼，减轻女性生产的痛苦，吸收负能量，带来好运。奇怪的是，尽管鼠尾草有这么多好处，但是在自己院子里种鼠尾草则不吉利，最好是从别人那儿获得。

351. 面包师的十二

面包师的十二是指十三而不是十二。这种说法可以追溯到至少500年前，可能是当时面包师为防止别人说他缺斤少两在十二个面包里又多放了一个。我记得我妈妈以前买面包时，面包师多给我们一个面包我妈妈总是很高兴，她认为这是好运。

我们在家乡的咖啡店买咖啡时，店主除了给够分量外，还故意多加一点点，他说这是"面包师的十二"。现在这句话是指多收一点点。如果你碰到这样的事情，要提醒自己很幸运。

352. 鞋带

发现鞋带打结是好兆头，这意味着好运一整天。在给别人系鞋带时可以默默为自己许个愿。如果穿了不同颜色的鞋带则不吉利。棕色和黑色放在一起尤其不好，因为黑色象征死亡，棕色象征坟墓的泥土颜色。

353. 鞋子

因为鞋子象征好运，所以有在婚车后门绑一只靴子的传统。站在一双新鞋子的鞋尖上可以增加好运。孩子们经常这样玩，却不知道这样做最初是为了招好运。

354. 银子

银子一直被当成幸运金属，一是审美的原因，二是能旺财。一些银币和银器古玩是收藏家和投资家喜欢收集的物品，只是他们不知道这样做还可以增强他们的运势。

355. 顶针

人们现在很少自己做衣服了，但是有些传统一直沿用至今，比如人们依然赠送顶针以求好运。一次收到三枚顶针不吉利，因为这意味着收顶针的嫁不出去。我祖母是做婚礼礼服的，她有很多客户送给她的顶针，她把顶针展示在她的工作室内以增强运势。

如果裁缝师在做衣服时弄丢了顶针，对衣服的主人来说是好事。但如果做的是自己的衣服，弄丢顶针就不好了。

356. 满月

满月出生的婴儿会一生健康、强壮和好运。满月出生的女孩漂亮又贤淑。满月结婚或满月前或后两天结婚也会好运，因为满月能增强财运和运势。周一是满月也是吉利的。

357. 幸运梦

醒来知道自己做梦但是记不得梦的内容是好事，这意味着梦很重要，梦中的启示被你的潜意识接受了。

如果你记得梦的内容，要吃过早饭后才能告诉别人。

358. 握手

当生意成交后双方一般都要握手，握手是向彼此表达良好的希望，也象征双方都希望生意顺利，因为握在一起的两只手看起来像一个象征好运的十字形。

359. 在栽培你的地方茁壮成长

我在一个小城镇认识一位非常出色的戏剧演员，这位戏剧演员不接受车程离他家四小时外的演出。当我问他为什么不扩大演出范围时，他说："我在栽培我的地方茁壮成长。"我以前从没有听过这种说法，他向我解释说，很多人都认为如果他们生活在别处也许会更成功。"但是谁也不能保证我在纽约或洛杉矶就会成功。我还要离开我的家人朋友，而家人朋友是我生命中重要的一部分。我在这儿做得不错，也很开心。可能有人会说我大材小用了，但是我为什么要将自己连根拔起呢，我不需要这么做。"

谁也不能保证你到了另外一个城市或者国家就会有所不同。如果你已生活得开心幸福，没必要将目光转向他处。抓住机会，努力奋斗，创造属于自己的好运吧。

360. 蛋糕

按照传统的说法，婚礼蛋糕能给新郎、新娘以及参加婚礼的客人带来好运。也有传统观点认为在任何庆祝场合，比如生日或者任何新的开始，都应该吃蛋糕，以给大家带来好运。

以前人们相信蛋糕幸运符可以为家庭和个人带来保护。在做蛋糕时将写有《约翰福音》的字条放在蛋糕内，这些蛋糕不是用来吃的，而是用来带来保护和福运的。

361. 围裙

以前，围裙是很多女性衣服中必不可少的组成部分。不小心把围裙穿反了是好事。如果你一天过得很不顺，可以故意将围裙穿反来增强运势。

362. 骰子

世界各地的人都掷骰子赌博。因为骰子通常用在全凭运气的游戏中，所以骰子就成了最受欢迎的幸运符之一了。我的一位热衷赌博的朋友就随身携带一对骰子，他坚信只要他带着骰子就会好运，也不会缺钱。

363. 话语

你们有经历过这样的场景吗？你和另外一人在某个时刻同时说了同样的话，按照民间说法，这对两个人来说都非常吉利。实际上，两个人应该在再开口讲话前默默许个愿。

364. 抱树

很多人喜欢通过抱树来感觉脚踏大地，与宇宙相通，有的人抱树以求好运。如果你也想这么做，选择一棵合你心意的树。抱树没有固定的方法，你可以伸展胳膊抱住树干，也可以靠在树上，也可以坐下来背靠树，或者简单地敲敲树。如果抱树后你觉得更平静放松，这会增加你获得好运的概率。

365. 吉祥物

"吉祥物"是指家里代代相传的传家宝，据说可以给照看它们的人带来好运。传家宝一般都是诸如杯子、勺子、盘子或先辈留下的装饰品之类的小物件。要想让传家宝发挥最大功效，可以时常感谢它们为家里带来的好运。照看它们，如有可能把它们放在家里你可以经常看到它们的地方。

　　最著名的一个例子是放在维多利亚和阿尔伯特博物馆里的伊甸园杯，此杯从 15 世纪就由坎伯兰郡的马斯格罗夫家族所有，1958 年归英国政府。伊甸园杯于 14 世纪在埃及或叙利亚制成，为镀金和镶釉的玻璃杯。1721 年，沃顿公爵不小心打掉了伊甸园杯，差点毁了家族的好运。

第13章 总结

纵观人类历史，上至皇帝下至乞丐人人都想有好运。尽管人们孜孜不倦地进行探索，但运气还是难以捉摸。实际上，关于运气，我们知道得并不比几千年前的古埃及、古希腊和古罗马人多。

有的人机会多多，但是与之有同样能力的人却可能机会寥寥，这就是运气。成功和失败皆由运气所致。运气虚无缥缈，来去无定时。可能你今天走运，明天就倒霉。

历史上很多人都带幸运符。罗斯福总统带一只兔子脚幸运符，拿破仑带一枚幸运币，奥巴马总统有好几个幸运符。英国2003年一项大学研究表明带幸运符的人比不带幸运符的人不仅感觉好运，实际上确实更好运。这是因为幸运符能增强一个人的自信，从而增加他们成功的机会。

科隆大学的林桑·达米奇博士对28位大学生进行了一次实验，告诉他们要携带一个幸运符参加实验，然后收走了这些幸运符进行拍照，但是仅仅归还了半数人的幸运符。然后要求这些学生在电脑上完成卡片配对的记忆测验。随身携带护身符的学生的成绩要好于没带幸运符的学生。这说明人们确实相信幸运符起作用，是他们的信念起了作用。

丹麦物理学家、诺贝尔奖获得者尼尔斯·波尔（1885—1962）对此持不同意见。一位客人注意到波尔家的前门上挂了一块马蹄铁，就问他是不是相信马蹄铁能给他带来好运。波尔的回答是："我当然不信了。但是我听说就算我不信，这东西照样起作用。"

如果你觉得自己不走运，就假装自己很幸运。积极的心态能让你如愿以偿。

我希望你能尝试书中推荐的一些方法，并下决心去做。祝你好运。

译后记

我一直觉得自己是个非常不走运的人，从来没有中过奖，哪怕活动设立七等奖只要不是人人有份儿，我都不会中奖。但是翻译这本书却让我觉得自己很幸运，因为在翻译此书的过程中我开始思考：为什么好运一直和我捉迷藏呢？怎样才能交好运呢？

书中提供了365个开运方法，可谓古今中外好运大集锦，读来妙趣横生，原来关于开运也有那么多讲究，那么多方法，有的方法很古老，有的方法简单实用，但是我觉得最重要的还是书中讲的——付诸行动，尝试一两种方法，比如随身带个幸运符，没事就拿出来看看，在家里摆盆属于自己的幸运花。

当然也可以把这本书当成心灵鸡汤来读，作者在书中反复强调的思想就是你的想法决定你的实际生活状况，如果你一直认为自己很幸运，积极乐观，那好运也会找上门来，如果你一直抱怨自己为什么不幸，其实你是一直在躲避好运。

好运也许并不神秘，只要你主动寻找它，或许它就在你附近，只是你一直视而不见罢了。

祝你好运！祝你幸福！

苏娜